★ 探索未知丛书

新闻出版总署向全国少年儿童推荐的百种优秀图书

上海科普图书创作出版专项资助
上海市优秀科普作品

奇幻环保

刘少华 周名亮 编写

少年儿童出版社

序

“探索未知”丛书是一套可供广大青少年增长科技知识的课外读物，也可作为中、小学教师进行科技教育的参考书。它包括《星际探秘》《海洋开发》《纳米世界》《通信奇迹》《塑造生命》《奇幻环保》《绿色能源》《地球的震颤》《昆虫与仿生》和《中国的飞天》共10本。

本丛书的出版是为了配合学校素质教育，提高青少年的科学素质与思想素质，培养创新人才。全书内容新颖，通俗易懂，图文并茂；反映了中国和世界有关科技的发展现状、对社会的影响以及未来发展趋势；在传播科学知识中，贯穿着爱国主义和科学精神、科学思想、科学方法的教育。每册书的“知识链接”中，有名词解释、发明者的故事、重要科技成果创新过程、有关资料或数据等。每册书后还附有测试题，供学生思考和练习所用。

本丛书由上海市老科学技术工作者协会编写。作者均是学有专长、资深的老专家，又是上海市老科协科普讲师团的优秀讲师。据2011年底统计，该讲师团成立15年来已深入学校等基层宣讲一万多次，听众达几百万人次，受到社会认可。本丛书汇集了宣讲内容中的精华，作者针对青少年的特点和要求，把各自的讲稿再行整理，反复修改补充，内容力求新颖、通俗、生动，表达了老科技工作者对青少年的殷切期望。本丛书还得到了上海科普图书创作出版专项资金的资助。

上海市老科学技术工作者协会

编委会

目　录

引　言

　　地球是人类赖以生存的家园。虽然宇宙浩瀚无边，可至今尚未发现其他有生命的星球。可以肯定，目前人类只能生活在地球上。

　　然而，近两个世纪以来，由于人口的急剧增长和工业的快速发展，人类的活动使地球上的生态环境遭到了严重的破坏，出现了水污染、大气污染、土地荒漠化、物种灭绝等环境危机，直接影响和威胁着人类的生存和生活。拯救地球，保护环境，已是全球人类共同的、刻不容缓的重大任务。

　　我们要依靠先进的科学技术，研究生态环境破坏的原因，寻找保护环境的途径和方法，化害为利，为人类造福。要让人们喝干净的水，呼吸清洁的空气，吃放心的食物，努力实现人与自然和谐发展的目标。

一、呵护生命的源泉

生命离不开水。没有水，各种动植物都不能生存。地球上可用的淡水并不多。虽然地球表面的 70.8% 被水覆盖，总水量有 138.6 亿亿立方米，但其中 97.5% 是人类不能饮用的海水，只有 2.5% 是可饮用的淡水；而且这些淡水约有 2/3 在南北极的永冻地带及高山冰川的冰雪中。还有一部分存在于云层的水蒸气和地下深层含水层中，只有分布在江河湖泊及地下浅层的淡水可供人类利用，人类可以利用的淡水只占地球总水量的万分之一左右。可以这么说，淡水是 21 世纪最宝贵的资源。

跳海的猫

1953 年，日本九州熊本县的水俣市发生了一件怪事。人们看到一群发了疯似的猫，身体弓曲着，踉踉跄跄地走到海边，然后纷纷跳海自杀。

"疯猫跳海"揭秘

猫为什么要跳海自杀呢？

科学家经过多年的调查，终于揭开了疯猫跳海的秘密。原来，在水俣镇上，有一个合成醋酸的工厂。在生产过程中，醋酸厂把大量的含汞废水排进了水俣湾。猫吃了含汞的鱼后，大量的汞聚集在猫的脑中，损害其脑神经，使得猫发疯。

要知道，水体受汞、镉、铬等重金属及氟化物、砷化物、亚硝酸盐等有毒无机物的污染，人饮用后就会引起各种中毒和疾病。同样，水体受有机物如酚、苯、杀虫剂、合成洗涤剂等污染，也会引起中毒和致癌。特别是水中的有机硝基化合物、有机卤素化合物，对动植物和人体都有强烈的致癌、致畸、致突变的作用。

过去，人们认为自来水是安全卫生的。但事实并非如此。一项调查显示，在地表淡水中，已检出有毒有害物高达2347种。被公认为自来水质纯美的城市纽约，也发生过一次饮用自来水中毒的事件——寄生虫侵入密尔沃基供水系统，造成40万人致病，100人死亡。

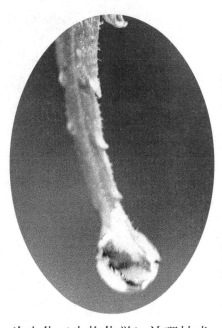

目前，全球有 11 亿人无法得到洁净的饮水，每天有 6000 名儿童因水污染而致死，发展中国家居高不下的发病率和死亡率都与不洁净的饮用水有直接关系。

本领高强的 "小精灵"

水遭受污染后，如何才能净化呢？科学家请了一群 "小精灵" ——细菌来帮忙。污染的水里放入细菌后，水就会逐渐变清。这类利用细菌治理污水的技术，我们称之为生化（生物化学）治理技术。

为什么细菌能治理污水？这是因为细菌能 "吃" 污染物。讲到这儿，还有一个故事呢！

三国时，诸葛亮曾率领大军七擒孟获。有一次，孟获以泸水（就是现在的金沙江）为天然屏障，阻挡蜀军。当时蜀将马岱率军到泸水，天热水浅，士兵们脱下衣服，涉水而过。走到半途，很多士兵因口鼻出血而死。

诸葛亮亲自深入不毛之地访问当地土人，得知泸水充满了毒气，天热散发，人至必死，只有夜静水冷，毒气不起，方可渡水。于是蜀军夜渡，大获全胜。为什么泸水充满了毒气？这是由于水中常年积累

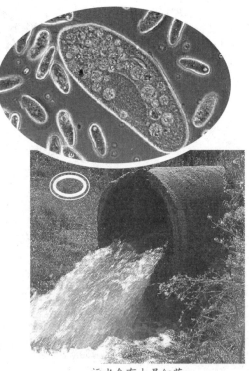

污水含有大量细菌

了枯枝烂叶、生物粪便、尸体和冲刷的铁矿石。在缺氧状态下，水里的细菌会沤腐发酵，从而产生大量硫化氢等有毒、有害气体。

细菌中有许许多多厌氧菌和好氧菌，它们清除污染的本领很大。厌氧菌能够在无氧的条件下生存，并且能将污染物（有机物）作为自身的养料而不断繁殖。好氧菌在供氧的情况下，约20分钟就繁殖一代，也以污染物作为它们的粮食。这就是说它们都能不断"吃掉"污染物。科学家就是利用细菌的这些特性来治理污水的。

天然"净水器"

芦苇

科学家经过大量的实验和研究，发现许多植物有净化污水的作用。例如把芦苇养在每立方毫米含600万个细菌的污水中，12天后，每立方毫米水只剩10万个细菌。又如把浮萍等种植在含锌的污水中，二三十天后，它们便吸收了大量锌元素。其他如水葱等不少植物都有很强的杀菌能力。

各种植物的净水能力是不同的。有些植物将污染物作为自身养料；有些植物的分泌物能与水中污染物起化学反应，使污水净化。所以，植物是天然的"净水器"。

在一些污染严重的水域，我们可以有针对性地种植一些植物，发挥它们天然

浮萍

水葱

"净水器"的作用。沿河岸的绿化既可以使污水变清，又可成为水生生物的"粮仓"。水面上种植流动花坛、人工浮岛和生物浮动床，可增加水体自净能力消除黑臭，又可使水生生物、鱼类遮阳栖身，形成良好的生态系统。科学家还利用基因改造植物，让它去除水和土壤中的砷等有毒金属物质。

这种利用自然资源的力量治理污水的技术，我们称之为"生态治水"技术。

池塘里的向日葵

1996年夏季，在乌克兰切尔诺贝利核电厂附近，出现了一个很奇怪的现象：池塘上漂浮着60只小木筏，上面竟然都种植着鲜艳夺目的向日葵！人们对此迷惑不解，为什么要把向日葵种到池塘上？

原来，科学家发现向日葵天生具有一种吸收放射性元素铯和锶的神奇本领。当向日葵在池塘上漂浮近一个月后，这些植物已"吃饱喝足"了这些有害物质。完成使命的向日葵随即被作为核垃圾处理掉。科学家测算，采用这项新技术，每清除1000加仑水内的核污染仅需花费4美元，这比其他治污方法要便宜得多。

科学家在美国也曾进行过类似试验。他们把核电厂附近受放射性物质污染的地下水抽到处理厂的水池内，在水面上漂浮种植了许多向日葵。

仅过 24 小时科学家测出水中铀含量只有原来的 1/70 左右，真是奇迹！

净化废水的沼泽

美国佛罗里达州的科学家把废水排入一片沼泽地，经过测定发现，大约有 98% 的氮和 97% 的磷被净化了。

为什么废水流过沼泽后变干净了？原来，江河湖泊及沼泽都有自净作用。湿地中生长着许多水生植物，如水葫芦、香蒲和芦苇等植物，它们能吸收污水中的重金属镉、铜、锌及其他污染物。这些植物具有很强的清除毒物的能力，是毒物的克星。

沼泽能净化污水

沼泽中还有一种松软的有机堆积层——泥炭，这是很多死亡的植物在缺氧条件下形成的。由于泥炭具有较强的吸附能力和离子交换性能，所以它能吸附重金属离子和油类，起到极好的净化效果。泥炭甚至还能吸附废气及烟尘中的一些有害气体。因此，湿地被人们比喻为地球的"肾脏"。

人们利用湿地这种功能来净化水源。印度卡尔库塔市没有一座污水处理场，该城市的所有生活污水都排入东郊的人工湿地，其处理费用相当低。在该湿地中，污水经湿地净化后可用来养鱼，在 1 公顷的湿地中鱼产量每年可达 2.4 吨。处理后的水还可用来灌溉稻田，水稻产量每年可达到 2 吨 / 公顷。这样，人们不但净化了污水，而且还获得了大量的农副产品。

清除污染的"膜"

膜是一种具有特殊选择性分离功能的无机或高分子材料，可以用来清除污染。当污水透过膜时，水分子能通过膜上的微孔流到膜的低压侧，而那些大于膜孔的微粒如污染物、细菌和病毒都被截留，从而达到清除污染的目的。膜技术是环境保护

纳滤膜

治污的能手——活性炭

第一次世界大战中，德国士兵用氯气炮放出氯气，气体沿地面滚滚前进，毒伤了不少士兵。后来，盟军的士兵戴上颗粒活性炭口罩才防止了毒气的袭击。在细菌战中，活性炭又防止了细菌的危害。在污水处理和自来水深度净化中，活性炭更显示了巨大的作用。有一次，松花江受双苯的污染，曾使哈尔滨市停水。专家建议在江中投放大量活性炭，从而化解了污染的危害。如果活性炭与过滤膜、臭氧、紫外线"多管齐下"，就可以达到更佳的效果。

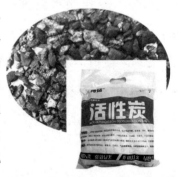

和环境治理的首选技术。目前，德国、英国已用膜技术治理了莱茵河和泰晤士河中的河水。

按照膜的孔径大小和通过的分子量多少，可分为微滤膜、滴滤膜、超滤膜、纳滤膜和反渗透膜等。纳滤膜又名超低压反渗透膜，是20世纪80年代后期开发研制的新型膜。它的孔径很小，只有$1 \sim 2$纳米，膜表面带负电荷，不但能有效除去水中污染物，还能保留人体必需的矿物质，在优质饮水处理中有着广泛的应用前景。

自从发现自来水含有三卤甲烷、农药、洗涤剂等污染物后，人们就开始用反渗透膜制备纯净水。但是纯净水制作成本较高，而且在去除水中有害物质的同时，也把对人体有益的无机盐剔除掉了。于是，人们又用纯膜装置生产出具有矿泉水和纯净水两者优点的、具有生物活性的、可直接生饮的钠滤水。

富氧膜是一种具有分离气体特殊功能的膜，它能产生富氧空气，目前广泛应用于医院、养鱼场、工业发酵与氧化等场所，尤其在高山缺氧地区特别需要。

膜技术正在把我们的生活带入一个更新的时代。

消毒杀菌的"功臣"

臭氧（O_3）是除毒治污的"功臣"。那么，臭氧是怎样被发现的呢？

1785年，德国物理学家冯·马鲁姆发现电机发电时会产生一股异味。1801年，有人观察到水电解中在阳极也产生同样的气味。1840年，德国科学家舒贝因把产生的这种异味称为OZONE（臭氧），希腊语的意思是"难闻"。

臭氧被广泛用于水、空气和物体表面消毒、杀菌、除臭、脱色、食品保鲜等方面。自来水的消毒多用氯气，但有机氯化物（THM）会严重威胁人类健康；而臭氧消毒、杀菌能力比氯强，且不造成二次污染。产

紫外线法制造 O_3 水

　　紫外线法又名光化学法，是仿效大气层上空紫外线促使氧气分子（O_2）分解并聚合成臭氧（O_3）的方法。波长为 185 纳米的紫外线照射可使 O_2 分解成 O，再和 O_2 聚合成 O_3。我们自己也可用此法制造 O_3 水。

　　到商店买一个紫外线灯管（O_3 灯）、一个小调节阀门、一个小水射器。将紫外线灯管接上电源，即生出臭氧（O_3），通过管道接通自来水的水射器，即产生 O_3 水。

　　　　　　　　0.15~0.4 毫帕

自来水 ────→ 调节阀 ───→ 水射器 ───→ O_3 水

　　　　　　　　　↑

紫外线灯管（O_3 灯）

生臭氧（O_3）的技术有电解法、核辐射法、紫外线法、等离子法和电晕放电法等。

麦秆净化污水

　　丹麦一家生产蚊帐和防虫外膜的公司，现在正致力于生产一种叫做生命麦秆的神奇净水产品。现在，你只需通过一个简单的装备——生命麦秆就能直接饮用河里的甚至是沼泽地里的水，不需要做任何的其他处理。这是因为生命麦秆已经帮你过滤掉了水中那些有害的物质。

　　生命麦秆有望成为全球 11 亿缺乏安全饮用水的人们的新希望。这个 96.4 克重的"吸管"能有效过滤 700 升水，足够一个人一年的饮用。它的操作十分简单，只要把这个塑料管子伸进水里，并将水通过内设的 3 个过滤器吸上来就可以了。

　　流进生命麦秆的水是如何被净化的呢？

　　这些水要经过三道工序才能变成能饮用的干净水。首先，水经过内

直接取河水饮用

知识链接

净化水源的"救命瓶"

英国商人迈克尔·普利特查德看到在 2004 年东南亚大海啸以及随后一年发生在路易斯安娜州的飓风灾难中，受灾群众只能坐在那里等待干净水源的焦急情形，便萌发了要生产"救命瓶"的想法。

传统的过滤方式可以滤除长度大于 200 纳米的细菌，但是对于典型长度为 25 纳米的病毒则无能为力。普利特查德发明的瓶子可以净化任何污水——包括人类排泄物。使用过滤器，可以滤除长度大于 15 纳米的任何物体。这就意味着根本不用添加化学药剂就可以把病毒也除掉。在没有水源的情况下，可以用于自救。

置的多重过滤层的筛选，它们能过滤掉那些脏东西。然后其中含碘的树脂能杀死 99.3% 的细菌和病毒。最后，第三层活性炭则能将那些漏网的细菌、病毒一网打尽。

对于常年在大自然里跋涉的旅行者和野外工作者，生命麦秆能解决饮用水的大问题。这种神奇的生命麦秆将成为他们不可缺少的随身配置。

湖泊富营养化

太湖，是我国风光秀美的淡水湖泊之一，素有"江南明珠"之称。

可是近几年来，太湖一到夏天就要爆发一场蓝绿藻泛滥的灾难。爆发时，湖水变成深绿色，大批大批的蓝绿藻死亡，漂浮在湖面，使湖水呈现大面积的腐败现象，发出难闻的臭气。

为什么太湖会发生如此严重的污染呢？这主要是由于太湖流域是我国最富庶的地区之一，附近城镇密集，人口众多。近年来由于经济的迅速发展，每年经河道注入太湖的生活污水和工业废水数量急剧上升，多达数千万吨。由此使太湖水质呈现严重的"富营养化"，即氮和磷的含量指标迅速增长。而正是这些营养素让蓝绿藻迅速泛滥。

蓝绿藻学名叫做"微孢藻"，个头特别纤小（与针尖相仿）。它在富含氮、磷的湖泊或水库中生长良好，增殖速度十分惊人。盛夏是蓝绿藻的"旺发期"，取 1 升湖水可发现其中竟含有几十万个蓝绿藻单体。太湖蓝绿藻泛滥已严重影响渔业经济效益，如何采取有效的手段控制蓝绿藻灾害已成为摆在环境学家面前的一大棘手课题。

以藻治藻

日本科学家发明了一种"以藻治藻"的新方法，能够防治蓝绿藻。这是怎么一回事呢？

在富营养化的湖泊水面上，科学家培植一种名叫"水网藻"的丝状藻。其繁殖能力比蓝绿藻更强，而且可大量吸收掉湖水中的磷和氮等成分。

随着水网藻的大量繁殖，湖水中的氮、磷含量很快即

水网藻

种藻取油，化害为宝

泛滥成灾的藻类能不能变成可以燃烧的油，以解决能源危机呢？美国科学家西尔斯一直在思考这个问题。

一天，他来到厨房，看见一只封口的塑料袋，灵感闪现。他想能不能用塑料袋来实施"种藻取油"方案？于是，他建造了"藻类生长器"，用两个相距约1米、长110米的平行架支撑塑料袋，再用滚筒像挤牙膏管似的推动塑料袋，让藻类换位，轮流、间歇地晒太阳，促使藻类生长繁殖。

选择正确的藻类品种是个关键，西尔斯尝试了数以千计的藻类，最后发现有一种产烃葡萄藻，产油量特别高。

这种"藻类生长器"建立在阳光充足的空地上，让二氧化碳直接通进养殖葡萄藻的塑料袋，产油藻类就能不断地生产出油来。

恢复到正常水平。而蓝绿藻由于失掉了赖以生存的高营养化条件，故无法在湖水中大量繁殖。试验结果表明，水网藻对于湖水水质的纯化效率，为芦苇、凤眼蓝等高等水生植物的10倍以上。

水网藻不仅可净化湖水，而且还是营养价值极高的天然饵料，可供鱼虾食用。水网藻收割后可加工成家禽、家畜的优质饲料。种植水网藻对付蓝绿藻可谓是一举两得的纯化湖水水质的新途径。

面对湖水富营养化的问题，我国科技人员正积极实施有关措施，一个湖清水纯、鱼虾丰产的太湖再次出现在人们面前。

阳光"清洁剂"

英国诺丁汉大学开发出一种清除微小污染物的新方法，他们利用阳光和一种无害的化学物质钛白清除水中微小的污染物，取得了良好的效果。

科学家在受污染的水中加入钛白粉，然后让水通过一个特殊设计的喷嘴，阳光或人工紫外线从喷嘴产生伞状的喷泉顶端照下。这样，光催化剂充分吸收太阳辐射后，便能有效地使污染物分解。污染物一旦被清除，经过净化的水将注入一个沉淀池中，以便水中的钛白粉沉淀后被重新利用。这种新开发的方法称为光催化喷泉反应。

这种方法非常适用于欧洲南部、非洲等阳光充足的地方。在英国等阳光较少的国家，可用耗能低的人工光源代替阳光来实施这种方法。这种环保型清污新技术处理污水，不会对环境造成危害。

活水"变魔术"

你见过会"变魔术"的水吗？在上海世博会的城市最佳实践区，你能亲眼目睹这一"奇迹"：污水流过美丽的公园，变成了清澈的活水，整个过程真像是在变魔术！其实，上海世博园区的"活水公园"是成都活水公园的"缩影"。成都活水公园是世界上第一座以水为主题的城市生态环境公园。

活水公园

活水公园实际上是一座微型污水处理厂，由水流雕塑、厌氧池、植物园、养鱼池等部分组成。通过微生物、振动和10种植物的多次过滤净化，受污染的水被净化至可以养鱼甚至游泳的清澈水质。世博园区这座小型的活水公园里，植物丛生，流水潺潺，空气湿润，是别有一番风味的休闲场所。

值得一提的是，活水公园取鱼水难分的象征意义，将鱼形剖面图融入公园总体造型，喻示人类、水与自然的依存关系，而这些鱼鳞状的池子其实就是人工湿地。

潺潺的流水

活水公园的展示，告诫人们要保护水资源、珍惜水资源；也启示人们可以将社区和公共空间的雨水和污水进行有效收集，通过发掘生物的自洁功能，进行水的处理和循环利用，使污水变成清水。

水"变魔术"的奥秘

活水公园如何把污水变清水的呢？

第一步，抽出污水注入厌氧池，从厌氧池流出来的水，经水流雕塑群与大气充分接触，曝气，充氧，一路吸收空气中的氧，从而增加了水中的溶解氧含量。

接下来，这些水就要进入兼氧池，流入兼氧池的有

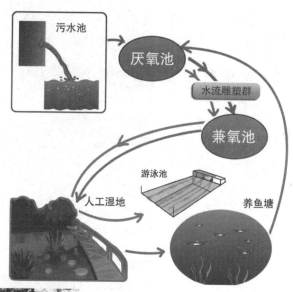

活水"变魔术"揭秘

污水变清水

机污染物在兼氧微生物的作用下，进一步降解成植物易于吸收的有机物。兼氧池中的兼氧微生物和植物对水也有一定的净化作用。之后，兼氧池中的水，缓缓流入人工湿地。

人工湿地是污水处理工艺的核心部分，由植物塘和植物床组成。种有浮萍、凤眼莲、荷花等水生植物和芦苇，香蒲、茭白、伞

草、菖蒲等挺水植物，伴生有各种鱼类、青蛙、蜻蜓、昆虫和大量微生物及原生物。它们组成了一个独具特色的人工湿地塘床系统。经过净化后，污水就变成了清水。

预防海洋赤潮

赤潮又称红潮，是由某些微小浮游生物在营养物质十分丰富的条件下，大量繁殖和高度密集引起的海水变色的自然现象。赤潮的海水都有臭味，因而也被渔民们称为"臭水"。

那些使海水变色的浮游生物，主要是繁殖力极强的海藻，还有那些极微小的单细胞原生动物——各类鞭旋虫等。它们会使水体变得黏稠，附着在鱼虾表皮的鳃上，导致鱼虾呼吸困难而死亡。许多赤潮生物还有较大毒性，因此它对海洋捕捞业、养殖业的危害极大。

预防赤潮最根本的方法是管理好水质，严格控制好入海物质的污染

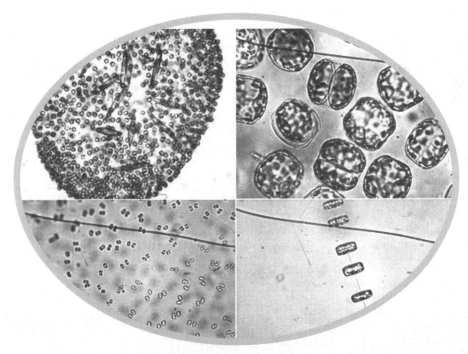

用显微镜观察到的赤潮生物形态

新型污水处理厂

物含量。要加强工农业和生活污水的处理，控制海水养殖业中饵料和排泄物造成的自身污染，减轻海水富营养化，并关注船舶压舱水排放和生物引种可能带来的新的赤潮生物。

在养殖海域，要密切注意对水质的监测，一旦发现有赤潮侵袭或发生的苗头，就减少投饵量，使养殖水产品减少活动量；同时撒播黏土，也可用重铁盐、硫酸铜等来减少或杀灭一定量的赤潮生物。如已发生赤潮，则应迅速将养殖网箱转移到安全水域，或用薄膜阻隔赤潮水体进入。

数字环保的威力

数字环保，是一个庞大的科学技术体系，是近年来快速发展起来的数字地球在环保信息化和环境管理决策中的具体应用。

依靠数字环保，环保监理人员可以不出门就了解污染源排放的详细情况，并及时对排污事件进行相关处理。

环保管理机构可以实现"视频会议"、"无纸作业"和"网上沟通"。

观测者、操作者和决策者可以通过数字化手段，用遥感、声控、视频等各种感应交互工具，直接调动和分析数据，监控环境的动态变化，制订优化环境治理的方案及环境应急方案。

专家们还可用以模拟环境变化对濒危物种的影响，并制定有效措施保护生态多样性。学者们可以利用数字环保开展学术研究，包括了解人类和环境之间的相互依赖的关系等。

在国家数字地球战略的基础上实施数字环保，是保护人类生存环境的必然选择。数字环保可望成为更好地保护地球家园的利器。

二、还天空一片蔚蓝

在低空聚积，大雾变成了刺激性很强的酸雾。空气污染使4700多人因此患呼吸道疾病而死亡，雾散以后又有8000多人死于非命。这就是有名的伦敦烟雾事件。

1952年12月5日至8日，英国伦敦整个城市为浓雾所笼罩。工厂、住户大量烧煤排出的烟尘和二氧化硫等污染物。在

英国警察用燃烧的火把在浓雾中照明

污染的大气

人类为了发展生产，大量采用煤、石油和天然气等燃料，向大气排出大量污染物，造成大气环境严重污染。地球上城市居民约有 70%（15 亿人）呼吸着受污染的空气，每天至少有 800 人因此过早死亡。

大气中主要的污染物，概括起来可分为两类，即可吸入颗粒物和有害气体。它们是造成气候变暖、形成酸雨、破坏臭氧层的元凶，给人类的健康和生存带来严重威胁。

飘尘，又叫可吸入颗粒物，指粒径小于 10 微米的烟尘。它能在大气中长期飘浮，主要来源于地面扬尘和燃煤排放的烟尘。小小的飘尘，有多大危害呢？要知道它的成分很复杂，并且具有较强的吸附能力，可以吸附各种金属粉尘、强致癌物苯并芘、病原微生物等，会使人们患呼吸道疾病和癌症。

各种有害气体严重污染了大气，如一氧化氮、二氧化氮等氮氧化物是常见的大气污染物质，主要来自汽车废气，以及煤和石油燃烧的废气。

二氧化硫和氮氧化物都能刺激呼吸器官，引起急性和慢性中毒。光化学烟雾是排入大气的氮氧化物和碳氢化物受太阳紫外线作用产

光化学烟雾

生的一种具有刺激性的浅蓝色的烟雾，会使人眼和呼吸道受刺激或诱发各种呼吸道炎症，以致危及生命。

空中死神

瑞典是一个美丽的多湖泊国家。那儿湖水清冽，风光美丽，鱼群在水中嬉戏。可是从 20 世纪 60 年代初，瑞典紧靠波罗的海西部沿岸一带的不少湖泊中，有不少鱼类不明原因地死去。许多原来生气勃勃的美丽湖泊变成水中无鱼遨游、水面不见水禽飞翔的"死亡湖"。

1980 年，一场异常的寒流袭击了欧洲。在德国、捷克斯洛伐克和波兰接壤处苏台德山脉的"黑三角地带"，大片早已被酸雨侵蚀得表皮剥离的枯黑林木终于没能耐受住这场寒流，像一排多米诺骨牌般纷纷倒下，使这里成为"森林墓地"。

经过科学家的研究发现，导致"死亡湖"、"森林墓地"的真正原因是"酸

酸雨摧毁的树木

雨"在作怪。于是,酸雨被称为"空中死神"。那么,酸雨是从何而来的呢?

原来,酸雨的发生是由于大气遭到污染的缘故。煤炭等石化燃料燃烧时,排放的二氧化硫和氮氧化物等污染物与大气中的水蒸气结合,生成硫酸和硝酸。当这些污染物随着降水落下时,就会形成酸雨。

酸雨降落到植物上,就会破坏植物叶子表面的蜡质保护层,干扰蒸腾作用和气体交换,进而向植物叶子内部扩散,使植物中毒,轻者减弱光合作用,降低种子的发芽率和产量,重者使植物中毒死亡。酸雨不仅危害植物,还对淡水生态系统造成危害,又使土壤酸化,从而破坏整个生态系统。

大气的净化

大气污染如此严重,怎样才能防治,让人们呼吸上清洁的空气呢?我们必须找到造成污染的原因,采取治理措施。如改善能源结构,发展风能、核能、太阳能等绿色能源;使用无铅汽油,车辆用油尽量向优质化发展;淘汰污染物排放量大的生产工艺和设备。与此同时,要大力发

电除尘器

袋式除尘器

电厂烟气脱硫装置

展各种净化大气的技术。

去除飘尘的干将　工业生产燃煤是造成飘尘的主要来源。袋式除尘器和电除尘器，是大气污染防治的重要设备，除尘效率很高，广泛应用于电力、水泥、冶金、垃圾焚烧等领域。

袋式除尘器和电除尘器都是庞然大物。它们能在燃煤锅炉产生的大量烟尘排放到大气环境之前，采用控制设备将尘除掉，以减轻对大气环境污染程度。袋式除尘器又叫过滤式除尘器，是利用多孔的袋状过滤元件，从含尘气体中搜集粉尘的一种除尘设备。电除尘器是利用静电力将气体中粉尘分离的一种除尘设备，由本体和直流高压电源两部分构成。

酸雨的克星——烟气脱硫技术　人们会看到电厂高高的烟囱冒着浓浓的黑烟。黑烟里含有致癌和形成酸雨的有毒气体——二氧化硫。

20 世纪初，人们掌握了去除二氧化硫的电厂烟气脱硫技术。在发达国家，电厂烟气脱硫装置的应用发展很快。目前，世界上烟气脱硫技术的种类达数百种之多。如石灰石—石膏脱硫技术、NID 脱硫技术等，脱硫效率都在 90% 以上。燃烧后烟气脱硫技术被认为是当前控制二氧化硫污染和酸雨的主要技术手段。

神奇的"对流塔"

过去，洛杉矶是美国空气污染最严重的地区。为了治理洛杉矶盆地的空气污染，科学家提出了许多对策，然而都毫无成效。

一天，普鲁伊特看到发电厂巨大的冷却塔冒着滚滚的"白烟"，这是冷却塔在冷却从发电厂送出的热水时形成的。滚滚"白烟"触发了他的灵感。他想，如果把冷却塔"改装"一下，不是用它来冷却热水，而是用凉水来喷淋塔顶上的空气，会产生什么结果呢？于是，他决定设计一个新的塔，塔高180米，底部直径200米，尺寸和外表与冷却塔差不多。

普鲁伊特把冷却塔原来装在塔底喷热水的喷头去掉，再在塔的顶部安装了一圈喷凉水的喷头，制造了一个人工降雾环境，并且让喷出的水雾带上静电。

当塔顶喷出带静电的水雾时，空气中的细小污染物颗粒就吸在水雾中，很多有害气体溶解在水滴内，并随水雾一起从塔顶向塔底降落。喷出的水雾不仅消除了附近空气中的污染物粒子和有害气体，而且使空气冷却。空气冷却后比重加大，从塔顶沉向塔底，从而在塔内形成一股"过堂风"，这股风的风速达每秒10米。

塔内设有一部风力发电机。这种巨塔先吸进大量的污浊空气，经水雾清洗后，洁净的空气从塔里排出。就这样，神奇的"对流塔"在净化空气的同时，还产生了9兆瓦的电力。

卫星监测气溶胶

在斜射的一缕缕阳光中，我们能看到悬浮的小颗粒，这些悬浮在空气中的灰尘杂质叫气溶胶。

气溶胶，人们心目中不起眼的小东西，在许多研究和应用领域中却

气溶胶在绿树成荫的地方相对稀少

起着十分重要的作用，越来越成为科学研究的热点。春天空气比较干燥，出现浮尘甚至沙尘暴天气，以及森林、草原火灾发生次数多，此时，近地层气溶胶含量大增。气溶胶不仅污染环境，呛鼻迷眼，使人嗓干舌燥，还容易引起呼吸道和眼睛疾病。所以，气溶胶含量是衡量大气环境质量的一个重要指标。

当然，气溶胶也不是毫无好处。它的粒子在雨、雪的凝结形成过程中，起着凝结核心的作用；它还能阻挡部分紫外线，减轻其对人和动物的伤害。

美国宇航局的科学家第一次把成像辐射分光光度计搭载在"土地号"和"水色号"人造卫星上，精确地测量了每天悬浮颗粒所反射回太空的太阳光的波长。一般地，1微米以下的颗粒会以较短波长的蓝光反射太阳光，而1微米以上的颗粒会以其他颜色的光反射。根据这一原理，科学家就可以来辨别污染物颗粒。

21世纪初，美国推出了地球科学事业计划，发射了6颗卫星组成了

"A-Train"卫星监测大气

"A-Train"卫星编队，以多卫星组合方式监测地球大气环境。

绿化好处多

绿化带对人体有益

大家都知道树木多的地方空气新鲜。绿色植物特有的叶绿素在太阳的光照下，进行光合作用，能吸收温室气体二氧化碳，放出氧气。据测定，1公顷森林每天可吸收1吨二氧化碳，产生0.73吨氧气；1公顷草坪每天可放出约0.15吨氧气，吸收0.2吨二氧化碳。绿化覆盖率每提高10%，二氧化碳浓度可减少20%～30%。

绿色植物能吸收各种有害气体和尘埃。如一棵旱柳一天可净化二氧化硫128.7克。一棵树一年中可储存一辆汽车行驶16千米所排放的废气。

知识链接

净化空气的人工叶

日本科学家在人工光合作用的研究上取得了重大进展。科研人员用易于吸附微生物的高分子材料制成一种叫做人工叶的生物反应装置。装置的一端引入工厂、电站排放的二氧化碳，另一端通入水及含有养分的液体，经采光器收集到的光能与事先投放的光合微生物反应后使微生物大量增殖，最后生成用来生产饲料、肥料、药品和土壤改良剂的原料。这些人工合成的有机质主要由蛋白质、脂肪、碳水化合物组成。以饲料为例，从理论上计算，这种装置的效率是天然牧场的10倍。

这种人工叶若作为环境净化装置得以实用推广，不仅可以为人类提供更多的绿色食品，而且，地球的温室效应也将得到有效控制。

在植物的生长季节，树林下的含尘量比露天广场上空含尘量平均浓度低42.2%。绿化覆盖率每提高10%，悬浮颗粒浓度可减少15%～20%。

绿色植物还能分泌杀菌素，如桑树的分泌物可杀灭感冒菌；绿地能杀灭土壤里的细菌。

绿化能降低噪声，因为声能投射到树叶上后转变为动能和热能，噪声就被减弱或消失了。绿化还具有防震、防火及阻挡火灾蔓延的作用，并能防御放射性污染。

所以，绿化好处多。绿色植物是天然的空气净化剂。要净化空气，爱护绿化、扩大绿化面积是必不可少的。

天然"净化器"

生活在城市里的人，如果一走进大森林，就会立刻感到空气非常清新洁净。这是什么原因呢？这是因为森林中生长着大量的绿色植物，绿色植物在进行光合作用时，能吸进二氧化碳，呼出氧气。在富含氧气的森林里，你就会觉得很舒适宜人。

森林不但是氧气的"天然制造厂"，而且森林中许多植物能清除二氧化硫、氟化氢、氯气等有害气体。二氧化硫是分布广、危害大的有毒气体。

森林能吸收二氧化硫，并将它转化为树木体内氨基酸的组成成分。

森林还被人们比喻成"天然的吸尘器"。假如把1亩森林的叶片全部展开，可铺满75亩的地面。由于叶片上多茸毛，并分泌黏液和

森林氧吧

油脂，因此森林能拦截、过滤、吸附空气中的各种污染物。科学家做过计算，每15亩的松林可消除36吨烟尘。

当混有粉尘的空气经过森林地带时，由于茂密的枝叶减低了风速，空气中的大部分灰尘纷纷落了下来。一场雨水后，灰尘被淋洗到地面，空气又变得洁净异常。树叶被雨水洗干净后，又恢复了滞尘能力，又可净化空气了。

空气维生素

如果你去风景秀丽的山川旅游，跨过流水潺潺的山涧小溪，来到声势浩大的瀑布边，你一定会感到空气格外清新，精神倍觉舒适。这是什么缘故呢？原来，这些地方的空气离子化程度极高，负离子数量特别多，这是大自然给我们的无偿赐予。

瀑布边含有大量的空气负离子

　　空气中的负离子是怎么产生的呢？地球岩层里的放射性元素、阳光中的紫外线，还有雷电风雨，这些都能使空气产生负离子。由于瀑布边的空气洁净，负离子很少被悬浮物吸收，因而在瀑布附近会感到非常舒服。

　　空气中的负离子为什么会令人心旷神怡？因为这种带负电荷的空气离子，能维护动物和人类的健康，人们把它誉为"空气维生素"。

　　科学家做过试验，小白鼠每天吸入没有负离子的空气，几周以后就会生病，甚至死亡；人们每天吸入空气中的负离子以后，可对各方面功能产生良好的影响，它可调节大脑皮层的功能，振奋精神，加快消除疲劳，使工作效率提高。

　　空气中的负离子还能提高人的免疫功能，促进新陈代谢和生长发育。科学实验的分析表明，空气负离子对所有的生物都有很好的生理效应，它能使人类健康、长寿。

神奇的公路

　　日本千叶县出现了一条神奇的高速公路，它竟然有吸收汽车尾气的"特异功能"。这是怎么一回事呢？原来，这条公路在铺路时添加了一种呈粉末状的光催化剂——二氧化钛。

　　大家知道，汽车在行驶时会排放出有毒的污染物质氮氧化合物。在阳光中的紫外线照射下，氮氧化合物能与光催化剂中的氧原子结合在一起，生成硝酸化合物。硝酸化合物经过雨水冲刷后，便流到江河湖海，对环境的影响非常小。由于二氧化钛本身无毒无害，常被当做食品、化妆品中的添加剂使用，因而用作铺路材料，也绝对安全。

从外表上看，这条"神奇公路"与普通的公路有

净化空气的林地

明显不同：路面上密布很多细小的凹凸，这是因为要使光催化剂能最大限度地发挥作用，就必须尽可能增加其与空气接触的面积。

这些小凹凸的另一作用是减少汽车轮胎与路面的摩擦，这样就能使光催化剂不易剥落。只要光催化剂不剥落，净化废气的功能就能一直保持下去。

这条"神奇公路"可吸收汽车废气中至少1/4的氮氧化合物，需要的只是太阳光的照射和雨水的冲刷，因而不必耗巨资建造专门设施，也不需消耗宝贵的能源。

撕破的"太空服"

南半球的智利是世界

奥氧层出现了空洞

上最狭长的国家。智利南端的海伦娜岬角有一座海港小镇，它面临麦哲伦海峡，离南极洲很近。

这座小镇居民饲养的羊和兔子大多数瞎了眼，成了盲羊、盲兔。为什么会出现这种现象呢？人们研究后发现，这儿的太阳光中，紫外光辐射数量相对较多，而过量的紫外光辐射会灼伤人和生物，导致白内障等眼病大量增加。阳光中紫外光辐射的增多，与高空中的臭氧含量明显减少有关。这是怎么一回事呢？

原来，距离地球表面25～30千米的大气平流层中，集中了大气中约70%的臭氧，形成了厚度30～40千米的臭氧层。它能吸收99%以上对人类有害的太阳紫外线，保护地球上的生命免遭短波紫外线的危害。因此臭氧层是地球上生物的保护伞，就像是给地球穿上了"太空服"。如果没有臭氧层的保护，后果就无法设想。

然而，1985年，一个消息震惊了全世界——英国科学家首次发现南极上空臭氧层出现了像美国国土那样大的空洞！

无独有偶，1986年国际北极探险队在北极上空也发现了像格陵兰岛一样大的臭氧空洞。接着中国科学家在青藏高原又发现了地球头顶上的第三个"窟窿"。地球的"太空服"已被撕破！

臭氧层被破坏后，紫外线会损伤人类的细胞和免疫力，患皮肤癌、白内障等20多种疾病，还会使农作物大幅减产，牧草大片枯萎，动物、植物患病乃至死亡。它危及人类和地球万物的生存！

谁在破坏臭氧层

是谁在破坏臭氧层呢？这个元凶是人类大量使用的氯氟烃类化学物品。每个氯氟烃分子都能"吃"掉大量的臭氧分子。在空调、冰箱等的制冷剂中，以及气雾剂、发泡剂、电子线路清洗剂等制品中，都要用到这类化学物品。

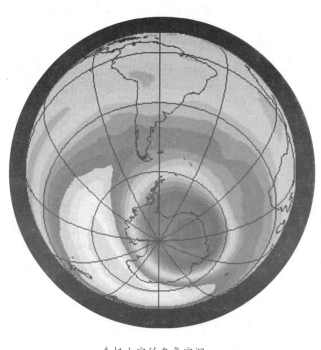

南极上空的臭氧空洞

冰箱、空调器中使用的制冷剂即"氟利昂"，都是氯氟烃化合物。这类化合物自 20 世纪 30 年代问世以来，在全球制冷、电子、家用化学品等工业部门中被广泛使用。美国航天局卫星仪器上收集的氯氟烃含量数据显示，大气同温层中的氯并非天然生成，因而排除了含盐海水和火山气体等天然来源是臭氧遭破坏主要原因的可能性。科学家研究后得出结论，同温层中的氯几乎全部来自氯氟烃。

于是，禁用氯氟烃的《蒙特利尔协议书》已开始实施，最新测量表明大气中氯氟烃浓度已不再增加。但科学家指出这类化合物稳定性极强，需要经过许多年才会在紫外线作用下自然分解。

修补臭氧空洞

有没有办法来修补被撕破的"太空服"呢？

科学家提出了一种设想：如果有一种采用高强度轻型复合材料制造的智能飞机，由于其自重较轻，故能携载大量从化工厂研制出来的液态臭氧。

智能飞机能在无人驾驶的情况下，以氢氧混合燃料为动力而飞到 25 000 米以上的高空，冲进地球大气层高空中的臭氧层。然后，在电脑的控制下，这架智能飞机首先去寻找臭氧层的空洞，接着自动确定飞机该去什么位置、方向，最后由飞机上的机器人操纵着液气转换器，把汽化了的臭氧喷向空间，修补臭氧空洞。这种智能飞机可不断往返，持续地执行任务，直到使这些臭氧空洞完全弥合为止。

还有的航天工作者提出了更大胆的计划，即在航天站上建立一个"臭氧加工厂"，由航天飞机运送原料在航天站上的这个加工厂里制成超浓缩的臭氧，而航天飞机每次返航时则将这些超浓缩臭氧释放到臭氧层空洞中去……

假如能实现这些设想，实施这些计划的话，地球大气高空的臭氧层又会恢复成原先的样子，变为一件完好无损的外衣，继续保护我们人类的健康。应该说，随着人类科学技术的不断发展，这些设想是完全能实现的。

温室效应

气候变暖已成为近年来全球最关注的环境问题之一。这是人类近一百年来大量使用煤、石油等矿物燃料，排放出大量的二氧化碳、甲烷等多种温室气体，引

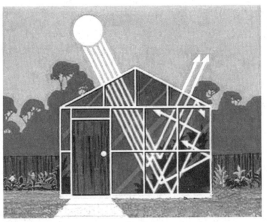

温室效应

起温室效应作怪而造成的。

什么是温室效应？大家知道玻璃或塑料薄膜构成的温室，它能让太阳光辐射通过玻璃或塑料薄膜将室内晒

热，又可阻止辐射进来的热量消失。二氧化碳、甲烷等气体就像是笼罩在地球外层的大玻璃或塑料薄膜，它吸收太阳辐射的热量，又不让热量散失，从而导致气候变暖。人们把二氧化碳、甲烷等气体在大气中的这种作用称为"温室效应"；把这些气体称为温室气体。

原生林在呻吟

到过德国的人都羡慕那整齐划一、郁郁葱葱的森林，但那种人工林容易在遇到火灾、虫灾、酸雨时被毁掉。相反，德国环境学者非常羡慕我国的原生林，因为它保留了生物的多样性，像珙桐、银杉、金花茶等孑遗植物，以及熊猫、金丝猴等可爱的动物。

美丽的海南是我国著名的生态省。过去，那儿生长着未受破坏的原生林，阳光、沙滩、海浪、椰子树、木棉树、热带雨林……然而近年来，该省大量引进外来树种——桉树，这使得"海南生态省"的桂冠打了一个大大的折扣。

事实上，我国很多地方的原生林正遭受着空前的劫难，我国的森林生态前景令人担忧。

原生林"赤字"

中国是全球 12 个最具生物多样性的大国之一，而云南又是中国首屈一指的生物多样性大省，享有"动植物王国"的美称。云南土地面积仅为全国的 4%，而拥有高等植物 1.5 万多种，占全国的一半。

以云南省为例，历史上的原生林覆盖率曾高达 80% 以上，到了 20 世纪初剩下 52.7%，40 年代末剩 40%，而到了 90 年代初加上人工林一共才 24.58%。原生林在云南省的覆盖率实际上仅剩 17.6%！

云南原生林的覆盖率从 80% ～ 90% 降到 52.7%，用了两千年；而从

52.7%降到17.6%，却用了不到一个世纪。这种原生林消耗速度急剧加快的势头如果得不到及时有效的遏制，云南省历史上保留下来的原生林，有可能在今后一两代人手中全部毁掉！

现在，植树造林统计的数字，显示我国森林覆盖率已上升至14.7%。然而，原生林的覆盖率却在下降。一些地方甚至砍伐大量的原生林，而去种植人工林、经济林、速生林。原生林砍一点少一点，无法复原。这样"边砍边植"的生态建设，导致了生态系统的严重退化。

森林严重退化

珍贵的原生林

原生林遭受破坏

原生林，又称原始林，是未受破坏的天然林。由原生裸地发生的植物群落，经过一系列原生演替阶段而形成的森林。亦即从未进行经营活动或破坏的森林。

原生林和人工林，两者的生态功能有天壤之别。与人工林相比，原生林是"活"的，具备了自然演化、自我更新的能力，对自然灾害有自适应和恢复能力。

原生林像大自然的"调度师"，它调节着自然界中空气和水的循环，影响着气候的变化。1公顷森林一年能蒸发8000吨水，使林区空气湿润，降水增加，冬暖夏凉，这样它又起到了调节气候的作用。

原生林是"地球之肺"，每一棵树都是一个氧气发生器和二氧化碳吸收器。一棵椴树一天能吸收16千克二氧化碳，150公顷杨、柳、槐等阔叶林一天可产生100吨氧气。

原生林具有保持水土及涵养水源作用，这是因为其有长期形成的完整且相对稳定的群落结构。

茂密的林冠下有灌丛层、草本层、枯枝落叶层。大自然的降水，一部分被树冠截留，大部分落到树下的枯枝败叶和疏松多孔的林地土壤里被蓄留起来，有的被林中植物根系吸收，有的通过蒸发返回大气。这种地表覆盖还有效地防止风和降雨对土壤的冲刷，降低土壤流失。而地面的植被灌木、草、苔藓等像海绵一样，在多雨的季节吸收大量的水分，少雨的季节再将水分释放出来，有效防止水分流失。

绿色沙漠

近年来，我们年年植树造林，目前我国的森林覆盖率较多年前有了显著提高，已成为全世界人工林面积最多的几个国家之一。然而山绿了，生态问题还是接踵而来。这是为什么呢？

原来，很多地方为了经济效益，大肆地砍伐原生林，种上速生桉树等经济林。这样表面上看，森林覆盖率没有下降，有些地区反而在提高。可是实际上，这些人工林无法代替原生林的生态价值。

　　人工林还会形成"绿色沙漠"，这是怎么一回事呢？

　　这都是因为在当前的绿化过程中，过于强调大型树木，对林下植被缺乏重视；或者强调草坪，而没有注意植被的多层次结构、多物种类型对维持多种动植物生存和生态系统功能的作用；最根本的是没有遵循自然的植被恢复规律，最终形成大片的"绿色沙漠"。

　　单一的人工林譬如橡胶林，为了提高产量，必须严格清除林下植物。这样一来，树林地表植被几乎没有，保持水的能力很差，一般比较干燥，易形成火灾。

　　植被水土保持作用的大小，取决于乔灌草结构的复杂性和根系的密集程度。人工林大大削弱了这一功能。

　　在人工林中，你几乎见不到大型食肉动物，小型动物数量及种类也很稀少。林中由于缺乏野果花草，昆虫和鸟类纷纷离去。物种稀少、结构简单，这样的森林生态十分脆弱，抗灾能力大大减弱。人工林一旦感染上虫害，极易造成大面积损害。同时对外来入侵种缺乏足够的抵抗力，从而导致外来入侵种肆虐。

覆盖在大地上的郁郁葱葱的原始森林，是失而不可复得的珍贵自然遗产，在生态环境中起着不可代替的作用。我们必须坚决保护原生的森林生态系统。

三、防治荒漠化

在 1993 年 5 月 5 日，河西走廊的一些地区，原来阳光普照、晴空万里的天空，突然出现可怕的景象——天色暗如黑夜，狂风席卷黄沙，形成一堵沙墙，铺天盖地而来，长达数小时。原来，这是一次黑风暴——特大的沙尘暴施虐。它造成 85 人死亡，200 多人受伤，12 万头牲畜死亡，40 万公顷农作物受害。

全球沙尘暴多发生于沙漠及邻近的干旱、半干旱的地区。1934 年 5

月美国就发生过现代史上著名的黑风暴事件，使当年 4500 万公顷的耕地被毁，冬小麦减产 510 万吨。近几年我国北方沙尘暴频发，引起了人们的极大关注和忧虑。

沙尘暴频发，是土地荒漠化增强的警报。

地球的"癌症"

荒漠化摧毁人类赖以生存的土地和环境，直接威胁人类生存发展的基础和空间，对地球和生命造成的危害极大，被称为地球的"癌症"。

20世纪70年代以来，尽管各国人民都在同荒漠化进行抗争，但荒漠化却以每年5万～7万平方千米的速度扩大。据联合国资料表明，目前全球1/5人口、1/3土地受到荒漠化的影响；全世界受荒漠化影响的国家有100多个；每年造成的直接经济损失达423亿美元。我国是受荒漠化危害最严重的国家之一。

内蒙古阿拉善的沙漠每年扩张1000平方千米

荒漠化已经不再是一个单纯的生态问题，而且演变成经济和社会问题，给人类带来贫困和社会动荡。有些地方因荒漠化严重，许多居民不得不背井离乡，成为"生态难民"。

荒漠化的成因

荒漠化是自然因素与人为因素综合作用的结果。气候干旱是形成荒漠化的主要因素。全球变暖也会促使一些原来水资源短缺的地区荒漠化。但气候变异形成荒漠化的过程是缓慢的，而人类活动则大大加速了荒漠化的进程。

盲目垦荒　土地是否荒漠化，决定的因素在于土壤中含有多少水分可供植物吸收、利用，并通过植物叶面蒸发。草原和林地被开垦为耕地后，在农闲季节土壤失去了植被的保护，裸露的地表因日晒风吹，会不断地损失掉它的水分而形成荒漠化。如苏联在 1954—1963 年的垦荒运动中使中亚草原遭到严重破坏，非但没有得到耕地，反而带来了沙漠灾害。

过度放牧　放牧越多的草地，土

滥砍树木

壤裸露的也越多，形成的荒漠化面积也越大。

滥砍树木、毁林开荒　如黄河中游的黄土高原，本是茂密的森林，人类的开发活动，使大面积的森林遭受破坏；缺乏森林保护的土地阻挡不住西伯利亚黄土的侵蚀，形成了干旱、荒凉的黄土高坡，面临荒漠化的严重威胁。美国在 1908—1938 年间，由于滥伐森林 9 亿多亩，大片草原被破坏，结果使大片绿地变成了沙漠。

过度开采地下水　如对地下水持续超采利用，导致地下水位不断下降，超过了植物赖以生存的地下水位线（在干旱、半干旱地区，地下水埋深需维持在 2 ~ 4 米，否则不能满足天然植物正常用水），直接引起地表植被衰亡，土地沙化加快。

此外，土壤的过度耕种、开发矿产不注意复垦和恢复植被等，也是促使荒漠化日趋严重的重要因素。

防治荒漠化

那么，怎样才能防治荒漠化呢？针对荒漠化形成的原因，防治荒漠化要以防为主，防治结合。首先要保护自然，合理利用自然资源。严格制止"五滥"（滥垦、滥牧、滥采、滥伐、滥用），同时要大力发展各种防治荒漠化的技术。

来自美国的保护性耕作，是对农田实行免耕、少耕，并用作物秸秆、残茬覆盖地表，减少土壤风蚀、水蚀，提高土壤肥力和抗旱能力的一项先进耕作技术，是防治土地沙漠化和治理沙尘暴的重要途

用作物秸秆、残茬覆盖地表

径。目前主要应用于干旱、半干旱地区农作物及牧草的种植。现已推广应用到 70 多个国家，成为世界上应用最广、效果最好的一项旱作农业技术。

防治荒漠化还必须保护和节约水资源。生活于沙漠地带的以色列人，发明了"滴水灌溉"技术。一排排塑胶水灌在每株植物根部开口滴水，由电脑控制测得的土壤湿度，决定植物根部水的供应量，由系统自动 24 小

飞机播种造林

"尿不湿"与植树造林

"尿不湿"是婴儿用的，可厦门一位中学生江腾舟却利用它为沙漠植树造林作出贡献。原来"尿不湿"的原料，就是上述具有惊人吸水和蓄水量的高吸水性树脂。小孩用"尿不湿"不必担心尿湿裤子，因为流出的尿会被它全部"喝"光。江腾舟发明了一种"可收集降水的植物栽培容器"。它能自动地将较大面积的降水收集到较小面积的桶内，容器内的填充材料"尿不湿"又能立刻储存水分，从而营造一个适宜的土壤湿度，适用于在沙漠植树造林。这项发明荣获第 95 届巴黎国际发明展览会银奖。

时全天候控制供水。装了系统以后，农人不必再管"浇水"这件事，用最少的水，就能养出果实累累的青椒、番茄等。滴水灌溉是一种精密的灌溉方法，只有需要水的地方才灌水，而且可长时间使作物根区的水分处于最优状态，因此既省水又增产。

沙丘旁的植物

河流边缘种草

植物治沙

植物治沙也叫生物治沙，是控制流沙最根本且经济有效的措施。其中，植树造林是主要的手段。森林有着不可替代的优势。在林木的庇护下，灌草可多次更新。90%以上的陆生植物都生存或起源于森林中。森林内动物种类和数量也远远超过草原、农田及其他陆地生态系统，鸟类数量约是农田中的 9 ～ 11 倍。森林有高低错落有致的复合生产层，光合面大，

沙棘

沙蒿

草方格沙障固沙

每公顷森林生物量平均为 100～400 吨，相当于同等面积农田或草原生物量的 20～100 倍。

营造防护林可以防风固沙，有效地防止荒漠化的扩展。许多国家都采用此法。如美国在遭受了上世纪 30 年代"黑风暴"灾难后，在西部大平原营造一层层防护林带；墨西哥、澳大利亚等国也营造了类似的防护林带。我国从 1978 年起，在西北、华北北部、东北西部风沙危害和水土流失严重地区，营造"三北"防护林体系。它全长 7000 千米，宽 400～1700 千米，整个工程历时 70 年，是当今全球最大的生态工程。

在沙地上种植沙棘、沙蒿、梭梭、沙拐枣、红柳等沙生植物，是制服沙丘的有效方法。如在沙丘之间水分条件较好区域营造树林，沙丘表面栽植固沙植物，使流动沙丘处于绿色植被分割包围之中。对沙丘包围下的农田、河流等，建立窄林带网格，并与耕地、河流边缘种草和灌木固定流沙

新疆野生郁金香

郁金香中有很多野生的品种

46

等措施结合，组成防护体系。还可以采用草方格方法治沙，就是将沙漠区画出一个个方形的格子，在方格的四个边框种上草。通过这种方法可以固定移动的沙丘。

同样是荒漠地带，可是新疆准噶尔盆地无论沙尘暴发生的频率还是强度，都比我国其他沙尘暴源区小得多。专家们发现，其主要原因是"短命植物"生活在这里。短命植物家族拥有200多位成员，一般身高20~30厘米，个别成员可长到1.5米高。其中除野生郁金香等个别成员外，大多数至今仍鲜为人知。它们每年4月发芽，短短两三个月后便在荒漠中完成一个生命周期；而这两三个月正是其他沙尘暴源区肆虐之时。主持有关研究项目的专家说，通过研究，短命植物有望成为我国治沙前线的主力。

微型水库

大家知道，海绵、泡沫材料、棉絮等会吸水，可是稍加压，水就被挤出来了。而近年来迅速发展的一种新型的高分子材料——高吸水性树脂，却具有受挤压而水不会析出的特点。更离奇的是，它可以在极短的时间内吸收为自身重量数百倍的水，因此，被誉为"分子水库"、"微型水库"。

用高吸水性树脂制成保水剂，能够明显提高土壤的保水能力，降低肥料的流失，提高利用率。用它制成包裹种子，可以在干旱地区飞机播撒种子植树造林。将它施加于树木、花草的根部，一次浇水后可将水固定于树木或其他植物根部，随后慢慢释放水，从而提高了植物的成活率。将吸足水后的高吸水性树脂水凝胶喷洒于沙地表面，由于树脂的成膜性，能将沙粒连在一起，从而减轻沙粒的流动，有利于沙地的绿化。

高吸水性树脂

花卉用高吸水性树脂

科学家还在研究发展高吸水性树脂在高寒、严重缺水和沙漠地带的使用，开发一种新型的高吸水性树脂的凝胶溶胀体，作为无土栽培的培养基等，它有可能将荒地和沙漠变为宝地，将"微型水库"搬进每一亩龟裂的土地之下，供作物生长慢慢吮吸。高吸水性树脂在改善沙漠环境中将展现出诱人前景。

喷射人工种子

20世纪60年代起，美、日等国的科学家开始研究快速繁殖优良种子的新技术——人工种子技术。

人工种子，顾名思义就是用人工方法制造的种子。制造人工种子时，首先从自然环境生长的作物中。选取具有优良特性的植物生长点，摘下它的生长点细胞群，用特殊的酶液浸泡。在培养液中培养出大量的体细胞胚，形成子弹形的不定形胚。随后，将不定形的体细胞胚、培养基和营养液的混合溶液，置于亲水性凝胶内，然后在其外层用一种高分子材料制成的有机薄膜覆盖，人造种子就这样制成了。

为了保护好人工种子，工作人员可对它进行种子包衣化处理，也就是在作物的种子上包裹一层膜，称之为种衣。经包衣化后，种衣在种子周围形成防止病虫害的保护屏障，药剂和肥料缓慢释放，供幼苗使用。

人工种子有许多优越性。首先，它的繁殖速度快。人工种子中的体细胞胚可以通过组织液培养，能以很快速度繁殖作物的体细胞。一个发酵罐20天所培养出的胡萝卜细胞胚，可供几万公顷土地种植。其次，由于人工种子培育的植物苗来源于同一植株的体细胞，所生长的作物整齐一致，利

用蜗牛改造沙漠

大家或许见过，大雨过后，草地或坡地上会出现许多大大小小的蜗牛。这些靠吃植物叶片生存的动物一直被人视为害虫，并千方百计消灭之。最近，美国的农业专家发现，原来蜗牛不但生命力极强，能适应沙漠干燥的气候，其粪便还能帮助改良沙漠的土壤，促进绿化。

氮是植物营养的重要成分之一。沙漠由于缺少氮，植物繁殖很困难。科学家已研究出用蜗牛的粪便来增加沙漠地区的含氮量。他们先利用清晨和夜间的露水，在岩石缝里培育地衣，地衣可以固氮。当蜗牛吞下这些混有岩石碎粒的地衣，并在岩石下排泄粪便时，周围的氮含量便会有所增加。据统计，在沙漠地区氮的总含量中，约有11%是蜗牛的粪便转化而成的。因此，在沙漠地区大力保护、繁殖蜗牛，不失为治理沙漠的有效对策之一。

于农业生产的规范化、标准化、机械化管理。

此外，人工种子还具备天然种子所不具备的功能。例如，在人工种子胶囊中包埋一些除草剂、植物生长调节剂，可促进幼苗生长。

人工降雨

在一定条件下，人工降雨可以缓和干旱抵御沙漠化。随着科技的不断发展，人工降雨的方法也不断创新。不久前，日本科学家设计了一种"人造山脉"降雨的方法。这种方法主要适用于沙漠地带。"人造山脉"用玻璃纤维

人工降雨火箭发射

人工降雨飞机

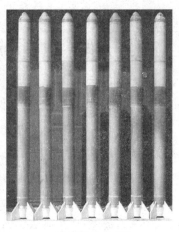

防雹增雨火箭

制成，外涂聚四氟乙烯，长10 000米，宽1000米，高600米。其原理是利用湿润空气遇"山"后沿坡抬升，到一定高度后受冷凝结成雨。

此外，英国科学家也在人工降雨方面取得重大进展，声称用人工降雨可以控制半径为5000千米范围内的晴雨天气，成功率达93%以上。这个方法的要点是：沿英国西海岸布置一系列电极，向大气层输入电能使对流层气体分子电离，产生一个密度可变的静电屏蔽层。然后通过调节电极的放电来控制密度，这样就可决定高、低压天气系统的生成，进而达到控制天气的目的。当人们需要时，只要按动"调节机器"上的旋钮，天气就会乖乖地听人们的话，可谓"晴雨听便"。

喷雾运汽

更神奇的是，科学家正在研究一种让晴朗无云的天空也能降雨的方法。用大功率的喷雾机器向空中喷水雾并达到足够的高度，水雾能降低空气的温度。据计算，每立方米空气只要0.5克水就能使空气温度下降1℃，促使近地面层的暖空气上升，上升的气流又把水雾带到更高处。水雾造成的低温使空气中原有的水汽凝结成细小的水滴。用这种方法向空中喷1吨水，可以获得1000吨雨水。

另外有一种方法，是利用风力来搬运水汽。科研人员在降水丰富地区

以色列沙漠里的"温室"

以色列沙漠里的农庄，为了克服恶劣气候的影响，除了采用"滴水灌溉"技术外，还在沙地里建起了一排排的温室。他们利用废弃床垫的材质，铺在温室四周，配合流水系统流过这种材质，就成为一套冷却系统，可以在白天日照旺盛的时候，将温室内的温度冷却下来。暖气系统则是利用油电机器把水加温，再顺着铺在土上的滴水灌溉系统，平均分散到植物的根部，让植物不致受寒。

以色列南部沙漠地区一角

的河流、湖泊旁设置许多风力扬水、发电两用站。当风向有利时，用无线电遥控开动这些风力泵，将水扬到空中的几十米高，使水雾化成直径100微米左右的小水滴，水滴还没降落到地面前便被热空气蒸发成水汽，并被带到无风、需要降水的地方。

智利的科研人员利用沙漠地区的云雾来改造沙漠。他们在巨大的框架上面安装由聚丙烯塑料制成的双层网来"捕捉"云雾，云雾在网上凝结成水，汇集到贮水池中，用来灌溉种植的林草或天然沙生植物。

德国研究人员用一种圆筒来收集空气中的水分。圆筒内壁涂有吸聚阳光热的涂料，圆筒与若干个喷嘴管连接，将喷嘴管埋在两行植物根部之间。白天高温烤热的空气经圆筒进入喷嘴管里，到了夜间降温时，空气中的水分就凝结成了露水珠而流到作物的根部。秘鲁的研究人员沿海岸垂直张挂一些大型尼龙网，以吸聚雾气，待雾变为水后流进蓄水池，以供沿海滩涂灌溉之用。

沙产业

干旱少雨的以色列，主要国土为沙漠，自然条件十分恶劣。然而，以色列政府不仅解决了百姓的吃饭问题，彻底摆脱了农业依靠进口的局面，而且居然创造了以节水和经济收益高效为特征的沙漠知识农业。因其大量出口鲜活农产品和加工食品，西红柿占领了40%的欧洲市场，变不毛之地为"欧洲的冬季厨房"。以色列的沙漠知识农业，为我们提供了一个可以效仿咨询的样板，启发了我们防治荒漠化的新思路。以色列的成功经验已经推广到中

塑料大棚

知识链接

空中花园有益健康

立体绿化使绿色在三维空间中得到延伸，它能调节人的神经系统，使紧张和疲劳得到缓解，使激动的人可以恢复平静，从而获得良好的心理美感。

绿色植物对环境最明显的作用就是调节温度、湿度和净化空气。在室外，植物可使周围的城市温度降低1℃，而在能遮阳的树下，其温度又比周围再降2℃。据测算，一棵大树每天能蒸发450升的水，相当于5台2500大卡空调机一天连续工作19小时的工作量。空调只是热量搬家，同时还要消耗电能，使城市产生热岛效应。而绿色植物却没有这些负面作用。

国大陆和其他不少国家。

荒漠化地区的自然条件虽具有恶劣的一面，但丰富的光热资源和独特的沙土地，又成为其发展特产农业的优势。运用现代科技手段，充分利用沙地丰富的光能资源，采用日光温室、塑料大棚、无土栽培、滴灌、微喷、脱水蔬菜加工等新技术，可以在缺水的不毛之地上造出"绿洲"，进行沙产业综合开发，生产出我国日常需要的蔬菜水果、花卉、中药材等。

科学家还在研究培育可以在沙漠、盐碱地生长的转基因植物品种。可以设想，通过农作物基因改造，将来沙漠、盐碱地都可变成能够生产粮食的耕地。

城市空中花园

随着经济的发展，城市化进程加快，高层建筑、密集的交通网络不断地侵蚀着城市有限的绿化空间。这时，我们才真正感受到城市中绿色是多么缺少。为了让城市充满绿色，人们开始向空间发展，营造城市的"空中花园"。

屋顶花园　房顶绿地不同于地面上的绿地，生长植物所需的"土壤"不能过重。这种特殊的土壤是由珍珠盐、枯树叶等组成的，草坪营养土厚度只有 3 厘米，每平方米草坪重量在 40 千克以下。

此外，为了防止墙体渗水、开裂，还用一层无纺布阻碍草根向下"扎根"。

屋顶花园

屋顶"绿地毯"

这种无纺布编织毯有很好的吸水性。下暴雨时，草坪在贮水时还减缓了大雨对楼顶的冲刷，对防渗水反而有利。屋顶有了"绿地毯"，不仅美化了环境，而且能吸水隔热，有助于楼宇降温、节能、防沙。

绿色墙体 人们常常在建筑物的外墙根处，栽上些具有吸附、攀援性质的植物，利用它们的茎叶攀附在墙体表面，逐渐地给建筑物披上一层绿色的外衣。

现在，立体绿化的方式很多。如可以在墙壁上营造微型绿地，在墙壁上建水平栽培槽，每隔一定高度建一排，雨水或灌溉水自上而下灌溉。

在日本，人们充分利用

空间绿化、美化环境，使地面上看不到裸露的土地，房前屋后，花木葱茏。最近，日本科学家又新研制出了生态墙砖，它是多边形空心砖，在砖内填充能生长植物的营养土、树胶和种子或扦插繁殖的枝条。然后，把空心砖砌在墙上，等春暖花开的季节，种子便会生根发芽，植物从开口处长出，长成让人赏心悦目的绿色生态屏障。

另外，如果把制好的壁网架浸泡在水里，过一段时间，上面长满青苔后，作为一种预制件，安装到建筑物上，也能形成绿色墙体。

四、保护生物多样性

地球经过漫长的 46 亿年演变进化，奇迹般地形成了一个有生命且是万物生长的、千姿百态、绚丽多彩的生物世界。这是人类赖以生存的家园。对地球生物的多样性，我们人类务必珍惜呵护。所有物种的生命都是宝贵的。

大象的"用处"

非洲每年有 10 万头以上的大象死于猎人之手，因而人们担心大象会绝种。可是有人提出，大象毁坏田园，而且在自然界大象并没有什么"用处"，所以就是真的灭绝了，对自然生态也毫无影响。

果真是这样吗？科学家经过研究发现并非如此。在大森林里，大象伸出鼻子，卷食生长得过于茂盛的树叶。它们经常用长牙挑破树皮，刨出树根，甚至推倒大树。这样一来，那些本来吃不到树叶的羚羊、犀牛等矮个儿食

茂密的森林

草动物，也能吃到倾倒在林地上鲜嫩的枝叶。最后剩下的粗大树干，则是白蚁的美味佳肴。

大象是生物界的食物链中重要的一环。没有大象，自然界的许多动物都要挨饿。

大象吃掉大量树籽，只能消化蛋白质含量高的豆荚，而种子和粪一起排出体外。这些种子经过大象的肠胃作用后，很容易发芽。由于大象的活动范围很大，因此，大象能把种子带到遥远的地方去播种。表面上看来，大象似乎在破坏森林，但其实大象在茂密的森林中开辟出一块空地，使阳光照射进来，促进了森林的新陈代谢，有助于树木的生长。由此可见，大象对自然界生态系统的贡献是很大的。

生存的基础

大自然中所有的生物包括人类在内，都是相互依存相互制约的，任何一种生物的灭绝，对地球整个生态系统都是一种"打击"。生物多样性是维持地球生命系统的基础，也是人类生存的基础。

地球上的绿色植物、藻类、光合细菌等能自己制造食物的，称为生产者。它们吸收太阳能后，将水、二氧化碳和各种无机物转变为有机物，供其他生物生长所需。

各种植食性、肉食性的动物如牛、老虎等，是以其他生物为食物的消费者。还有一类生物是以分解动植物残体等有机物为食物的分解者，如细菌、真菌、原生动物、蚯蚓、白蚁等。

分解者为生产者提供营养物质，生产者为消费者提供食物，消费者的残骸又是分解者的食物，它们都是互相依存的。人类和自然界的各种生物也必然是共生的。

地球上各类生态系统的主要能源是太阳能。植物将太阳能转化为生物能，它通过生物之间食与被食，沿食物链传递，如草——虫——鸟——蛇——鹰。同时，各种物质如水、碳、氧、氮、磷、微量元素等，随着食物链的流动，在生物与生物之间、生物和环境之间进行循环。

生物多样性保证了水、空气以及人类生存必需物质的循环，为人类提供食物、药源、能源和燃料、工业原材料。没有生物的多样性，就没有人类的存在。

食物链

物种在灭绝

近 100 多年来，地球生物多样性遭到了严重破坏。据国际自然及自然资源保护联盟发出的警告，世界上濒危动植物从 2003 年的 11 167 种增加到 2004 年的 12 259 种，一年里增加了 1000 多种。科学家按照森林被

野生虎

灭绝的大海雀

砍伐的速度估算生物的灭绝率，每年物种灭绝达 14 000～40 000 种。20 世纪初，亚洲尚存 10 万只野生虎，到 20 世纪末只剩下 5%。全世界的虎曾有 8 个品种，20 世纪已相继灭绝和濒临灭绝。华南虎 1949 年还有 4000 多只，2000 年只剩下二三十只。东北虎也处于灭绝的边缘。我国中华白鳍豚估计只剩几十头了，而勇敢、忠诚、神奇的藏獒在其产地已经难觅它的踪迹。

稀有的藏獒

白鳍豚

我国植物中的一些珍稀特有物种，如绿毛红豆、毛叶坡垒、毛叶紫树、锯叶竹节等数十个物种已经灭绝。天目铁木、百山祖冷杉、圆籽荷等只剩下极少残株。1998 年世界物种保护协会和世界野生生命基金

等组织发表报告说，现在地球上大约有 34 万种植物物种处于灭绝的边缘。

由于生物的相互依存和相互制约，任何一种生物的灭绝，都会牵涉到其他物种的生存和环境。

渡渡鸟和大栌榄树

16 世纪，带着来福枪和猎犬的欧洲人踏上了毛里求斯这块土地。身体硕壮、肉肥味美的渡渡鸟很快便成了他们肆意捕杀的对象。不会飞、跑不快的渡渡鸟的厄运降临了。

没有多少年，在岛上自由自在生活的渡渡鸟，数量急剧减少。1681 年，最后一只渡渡鸟被杀死。

奇怪的是，渡渡鸟灭绝以后，大栌榄树也日渐稀少。大栌榄树树干挺拔，树冠秀美，木质坚硬，是做家具的上好材料。到了 20 世纪 80 年代，整个毛里求斯只剩下 13 株大栌榄树，眼看这种名贵的树就要从地球上消失了。

渡渡鸟和大栌榄树之间是否存在某种联系呢？美国生态学家坦普尔来到毛里求斯，他找到了一只渡渡鸟的骨骸，旁边有几颗大栌榄树的果实。他想，也许渡渡鸟与大栌榄树种子的发芽能力有关。现在渡渡鸟是没有了，但像渡渡鸟那样不会飞的大鸟还存在，吐绶鸡就是一种。于是，他让吐

渡渡鸟

绶鸡吃大栌榄树的果实。

几天后，从吐绶鸡的排泄物中找到了大栌榄树的种子，果肉被消化掉了，种子的外壳由于吐绶鸡嗉囊的研磨已不像原先那么坚厚了。坦普尔把这些经过吐绶鸡"处理"过的大栌榄树种子栽在苗圃里。不久，居然长出了绿油油的嫩芽。大栌榄树不育症的原因被找到了，这种宝贵的树木终于绝处逢生。

火山爆发后的小岛

生态系统一旦遭到破坏，其恢复和重建需要很长的时间，就算能重建，也不可能回复到原来的生态系统。

1883 年 8 月，印度尼西亚巽他海峡中的克拉卡托火山爆发，使小岛上的所有生物荡然无存。然而，火山爆发后 9 个月，一位植物学家发现一只蜘蛛在独自织网。3 年后，先是藻类植物开始蔓延，接着是 11 种蕨类植物和 15 种开花植物也回到岛上。

火山爆发

再过 10 年，浮土已被绿色植物覆盖，小椰树沿岸生长，野生甘蔗随处可见，还出现了 4 种兰花。25 年过去了，已有 263 种动物来到岛上居住，其中大多是昆虫，另有 16 种鸟和两种爬行动物。火山爆发后不过半个世纪，整个岛屿已经欣欣向荣，生机勃勃，到处长起虽然低矮但很茂密的森林，有 47 种脊椎动物——大多是鸟类和蝙蝠在这里"安家落户"。

这些生物是怎么来的呢？它们有的随风飘来，有的通过海路漂浮，有的依靠鸟携带，也有的动物是自己飞到岛上的。

破坏一个生态系统只需短短几天，而恢复一个生态系统却需要几十年甚至好几百万年。

绿色的魔鬼

有时候，人们有意无意地从外地引进一个新的物种，哪知道竟会打破原来的生态平衡，造成意想不到的后果。

葛藤原产中国，后传到日本。1930 年，日本人在国际博览会上大肆

葛藤

宣传葛藤浑身是宝，并有强大的保持水土的功能。美国人动了心，便引进葛藤在美国南部种植。

美国南部气候温和，没有严冬，土地肥沃，又无天敌抑制，葛藤在这里迅速繁殖，枝条每天能长30厘米，并且隔不远结个瘤长出根再扎入地下，又从这里抽出新的枝条来。

到20世纪50年代中期，美国已有7000万枝葛藤，对于防止水土流失、肥沃土壤、饲养牲畜、美化山坡等起了很大的作用。但是，它们的疯狂生长却也叫人头痛，一枝葛藤主根约有140千克重，长出四五百个主枝，枝叶生长繁茂，排挤其他植物的生长。现在葛藤已经覆盖美国近300万公顷土地，在它所占据的地盘上，其他植物都干枯而死。葛藤无疑成了一种"绿色的魔鬼"。

"成灾"的兔子

澳大利亚原本没有野兔，那里只有鸭嘴兽、袋鼠、鸸鹋等动物。1859年，英国移民来到了澳大利亚，同时也带去了24只野兔。由于那里没有野兔的天敌，这些"异乡来客"便迅速繁衍起来，时间不长，兔子便遍布澳

"异乡来客"——兔子

大利亚。野兔所到之处，牧草、麦苗、草木荡然无存，仿佛刮了一场龙卷风。兔子还在草原上到处打洞，破坏了水源，使丰美的草场变成了荒漠……

兔灾使农业减产，澳大利亚著名的养羊业也因此而衰败了100年，珍贵的袋鼠因为缺乏食物生存受到威胁。在很长的一段时间里，人们面对兔子束手无策。1950年，科学家找到了一种"多发性黏液瘤"的病毒，通过蚊子传播给兔子，大批兔子接连死去，而其他动物安然无恙。就这样，才急剧地减少了野兔的数量，保住了牧场，使澳大利亚的养羊业再度发达兴旺。

每一种生物在生态系统中，都占有特定的位置和起着特定的作用，从而维持着生态系统的稳定性。如果引进的外来物种在这个生态系统中没有位置，那么或者这种生物不能生存，或者由于没有制约因素而发生爆炸性增长，造成生态系统的失调。

静静站立的驼鹿

一头美丽的驼鹿站在乡村公路旁。一辆卡车从它身边驶过，从车窗里伸出一支黑黝黝的猎枪……

说时迟，那时快，两名警察从树丛后冲出来："把枪放下！我们是森林警察！"偷猎者只得乖乖地上了警车，而那头驼鹿

驼鹿

仍旧平静地站在那儿，原来这是一头电动的假驼鹿。

这是美国新罕布什尔州的森林警察正在执行公务的一幕。森林警察利用电动动物抓住过很多偷猎者。我们看到，在这安静的"驼鹿"背后，发生着一场保护生物多样性的"战争"。

谁杀死了彩斑蛙

全球气候在悄悄地变暖，大自然的生命也在静静地变化着。从美洲彩斑蛙到北极熊，不知有多少物种挣扎在灭绝的边缘线上？

在中美洲的哥斯达黎加境内，蒙蒂弗德原始森林就像一个真正的天堂。然而生活在这里的彩斑蛙，却永远地撤离了大自然的舞台。

是谁把彩斑蛙灭绝了呢？

随着全球气候逐渐变暖，蒙蒂弗德山脉的夜间温度升高，山尖云雾也开始变厚。到了白天，变厚的云层挡住更多太阳辐射，又使得日间温度有所降低。这样的环境为壶菌提供了最好的温床，这种水生有机体由孢子产生，会爬进彩斑蛙的皮肤，阻碍它通过皮肤吸收水分的能力，最终使彩斑蛙脱水而亡。

对于彩斑蛙的灭亡，科学界一直有各种理论解释，酸雨、紫外线辐射过度都是其中之一。直到 20 世纪 90 年代，人们的注意力才转移到壶菌上。通过研究，庞德发现，壶菌在湿季里会大规模生长，尤其是在温暖的环境里。

让科学家真正恐惧的还不是彩斑蛙的死亡，而是彩斑蛙死亡背后的潜在危险：可以说一场物种大

彩斑蛙

灭绝正在酝酿之中。

种子银行

挪威北部，距北极点不到 2000 米的斯瓦尔巴群岛上，一座砂岩山体深处，有一个特殊的储藏室。

这是一个为保护生物多样性而建造的斯瓦尔巴全球种子库，人们把它称为种子银行。它是由挪威政府与全球农作物多样性基金会合作建立的，里面可容纳 450 万份植物种子。众多科学家费尽心血，在全球各地采集了形形色色的种子。它们经过脱水，被装进特殊的箔袋中，沉沉睡去。

要想进入种子银行，你必须在视频监视系统下，通过一条 120 米长的隧道，并穿过一道道坚实的钢铁大门，核战争或恐怖分子都难以将它破坏。它的周围都是永冻土，因此里面可保持恒温。种子银行位于海拔 1400 米的高处，即使全球变暖导致整个南极冰盖融化，无数桑田化为沧海，它也安然无恙。

"野败"的故事

一个拥有生物多样性的生态系统中，每一种生物都各具特性，都有各自的优点和缺点。以植物为例，有的植物有毒但也有药性，有的植物美味但产量很低，有的植物低产但更能抵抗病虫灾害。

20 世纪 60 年代，袁隆平和同事开始用国内外数百种水稻培育杂交稻，但 6 年的辛苦工作毫无进展，原因是这些品种亲缘关系太近，近亲繁殖，难以实现优生。于是，他们只得求助于野生水稻。

终于，1970 年在海南崖县荔枝沟的沼泽地中，发现了一棵与众不同的野生水稻，因为它的雄花败育，故被称为"野败"。这个异类野种的加入，激发了人工种植的水稻家族的活力。到现在，他们培养的杂交水稻产量已达到亩产 1000 千克左右，虽然还不能与亩产万斤的"卫星"水稻相比。

然而，给杂交水稻研究带来希望的野生水稻却命运堪忧。据报道，广西拥有的野生稻自然繁殖地是全国最多的，面积曾经达到 1500 亩，但现在那些绿油油的野稻田已有接近半数被"开发区"取代。

远离疾病

保护生物多样性有助于人类远离诸如艾滋病、埃博拉病毒或禽流感等疾病的困扰，这是因为人类的活动过度破坏了自然平衡，会造成生物界中携带病毒的动物种群数量快速扩大，天敌濒临灭绝而失控。

2003 年，暴发了一场类似流感的 SARS 疾病，使人类遭受了大约 500 亿美元的损失，还夺去了大约 800 人的生命。病毒的来源是一种野生蝙蝠，它们把病毒传给野生哺乳动物果子狸。人类在吃果子狸时，感染了 SARS 病毒。假如我们不去破坏生物多样性就不会染上可怕的病毒。

多样的生物可以帮助人类减缓疾病的传播速度，莱姆病是一个例子。莱姆病是危害美国人的一种疾病，主要经蜱（我国俗称"草爬子"）叮咬动物或人而传播。患者开始表现为蜱叮咬处缓慢扩展的皮肤损害，随后会出现疲劳不适、头痛、关节痛、发热等症状。

在美国东部，莱姆病得以传播的原因之一是该地区狼或野猫越来越少，而这些食肉动物的存在曾经很好地抑制了白足鼠的

多样的生物

数量，而白足鼠则是莱姆病的病原菌携带者。

湿地的价值

湿地是最富有生物多样性的环境。无数种类的植物和动物都依赖湿地而生存，在湿地中，生存着众多的鸟类、哺乳类、爬行类、两栖类以及无脊椎动物，它也是重要的植物遗传基因库。

那么，什么是湿地呢？

湿地包括沼泽、泥炭地、湿草甸、湖泊、河流、滞蓄洪区、河口三角洲、滩涂、水库、池塘、水稻田以及低潮时水深浅于6米的海域地带等。湿地由土地和水汇接而成。有的湿地常年被水覆盖和浸泡，有的一年中有数星期或数月部分或全部干涸。湿地一般都生长着香蒲、灯芯草和红花槭等植物，它既不完全是土地，也不完全是水，这是湿地特有的双重属性。

地球之肾——湿地

虽然湿地覆盖陆地表面仅为 6%，却为地球上 20% 的已知物种提供了生存环境。因此，它具有不可替代的生态功能。地球上存在着三大生态系统——森林、海洋和湿地。研究表明，全球生态系统每年能提供的环境服务价值达 33.3 亿美元，其中湿地提供的价值达 4.9 亿美元，占整个生态系统的 14.7%。科学家发现，每公顷湿地生态系统每年创造的价值达 4000～14 000 美元，是热带雨林系统的 2～7 倍。

湿地具有调节大气成分的功能。湿地内丰富的植物群落能吸收大量二氧化碳，并放出氧气，有些植物还具有吸收空气中有害气体的功能，能有效调节大气成分。

湿地具有涵养水源、调节水分功能。湿地在蓄水、调节河川径流、补给地下水和维持区域水平衡中发挥着重要作用，是蓄水防洪的天然"海绵"，在时空上可分配不均的降水，通过湿地的吞吐调节，避免水旱灾害。

湿地具有净化功能。湿地像天然的过滤器，一些湿地植物能有效地吸收水中的有毒物质，从而净化水质。正因如此，湿地被人们喻为"地球之肾"。

湿地具有提供动物栖息地的功能。湿地复杂多样的植物群落，为野生动物尤其是一些珍稀或濒危野生动物提供了良好的栖息地，是鸟类和两栖类动物的繁殖、栖息、迁徙、越冬的场所。

近年来，湿地是全球最受威胁的生态系统之一。湿地破坏严重威胁到生物多样性和整个生态系统的平衡，而这一切都关系到人类未来的生存与发展，种种迹象已经凸现了湿地保护的重要性。我们呼吁：保护湿地，刻不容缓。

迷人的"海底雨林"

你去过海底吗？那里可是一个迷人的世界。鱼儿自由自在地游泳。最让人惊奇的是，海底盛开着一簇簇迷人的"植物"——珊瑚，仿佛置身在热带雨林中。

珊瑚礁主要分布在南、北纬度30°之间的热带浅海。珊瑚固定在一个地方生长，而且外观像"花朵"一样，其实，珊瑚是由许多很小的珊瑚虫组成的。珊瑚虫是一种米粒大小的多细胞腔肠动物。珊瑚虫不能移动，靠水中的浮游小生物为食。珊瑚虫死后留下石灰质的骨骼，一代代的骨骼堆积起来，构成了珊瑚礁。

珊瑚礁像树木一样有自己的年轮，年轮隐藏在"钙质骨骼"里，把珊瑚礁的"骨骼"切成薄片，通过精密的X射线仪可以测出它们的年龄。目前发现寿命最长的珊瑚有1200岁。

珊瑚礁非常重要，它是海洋生态系统中最具生物多样性的系统。尽管珊瑚只占海地面积的0.01%，但是却养育了超过4000种鱼类，海洋里近一半种类的海洋生物都分布在珊瑚礁。

珊瑚礁能阻挡海浪潮水的侵蚀，抵御海洋风浪，还能分解海水中的有害物质，净化环境。

危机重重

可近年来，珊瑚礁却在许多海域成片地消失。全球 2/3 以上的珊瑚礁遭到严重破坏。全球温室效应、海洋污染、渔业和旅游等因素，使很多珊瑚礁接近崩溃边缘。地球上的珊瑚礁很可能在 30～50 年内消失。

自然界的台风和地震是造成珊瑚礁灾难的一种常见原因。可是，科学家发现，目前对珊瑚礁破坏最大的是一些海洋生物——荆冠海星、鹦嘴鱼和蝴蝶鱼等。每只荆冠海星每月竟能吃掉 1 立方米的珊瑚虫。大量吞噬就会像挖掘机一样，把成片的珊瑚吃掉，造成严重的灾害。据说世界上有 10% 的大珊瑚礁已被毁掉。

海星大量繁殖，是因为天敌梭尾螺减少的缘故。梭尾螺对化学药品特别敏感，在污染的海洋环境中，与海星等动物的竞争能力愈来愈弱。可见，珊瑚礁破坏与人类的活动有关。

珊瑚礁

拯救珊瑚

珊瑚礁生长非常缓慢,平均每年长0.8厘米。如果设法让珊瑚快速生长,就能拯救日益濒危的珊瑚资源。

有一位德国科学家日前开发了一种利用低压电流拯救珊瑚礁的新方法,在水下铺设带有低压电流的金属网。一系列试验证明,用不了多长时间在金属网上便会沉积一层石灰岩颗粒——珊瑚虫。珊瑚虫正是用这种物质来搭建自己的外部骨架,进而发展成为连片的珊瑚礁。

珊瑚礁虽然生长缓慢,可若是没有人为破坏或环境变化,珊瑚礁可以一直生长下去。科学家发现,人类很多活动都导致了珊瑚礁不同程度的衰亡。这种衰亡毫无例外遵循着同样一种规律:首先是大型的植食和肉食动物被人类捕食,接着是较小的鱼类,最后是海草和珊瑚礁上活的珊瑚。

这是为什么呢?原来,珊瑚生活在特定的生态系统中。珊瑚礁生态链的组成通常是:出现功能族群、藻类——吸引吃藻类的热带鱼群——珊瑚礁成长——出现珊瑚礁鱼群。一旦这个生态链的一环出现变数,珊瑚礁就无法完全复育。因而,在东

保护珊瑚礁

南亚珊瑚海捕捉热带鱼，可以导致珊瑚虫的死亡。任何一种破坏珊瑚生态链的行为，都会杀死珊瑚。奉劝大家，从自己做起，爱护珊瑚。不要在家里养珊瑚，也不要饲养海洋观赏鱼，更不要吃珊瑚礁产的海鲜。

呵护生命

由于人类对自然资源的掠夺性开发利用，丰富的生物多样性已经受到严重威胁，许多物种正变成濒危物种。如果人类的消费方式和破坏行为得不到遏止，不久的将来，地球上 15% ～ 20% 的物种将会消失，这种灭绝速度是自然状态下的 1000 倍。因此，从全球范围来看，生物多样性正在受到威胁，生物多样性的保护已经刻不容缓。

我国既是一个生物多样性大国，同时又是生物多样性受到严重威胁的国家之一。在《濒危野生动植物种国际贸易公约》列出的 640 个世界性濒危物种中，我国就有 156 种，约占总数的 25%。我国原始森林长期受到砍伐、开荒等人为活动的影响，其面积以每年 5000 平方千米的速度减少。草原由于超载过牧、毁草开荒的影响，退化面积达 87 万平方千米，目前约 90% 的草地处在不同程度的退化中。因此，我国保护生物多样性的任务尤为艰巨。

总之，没有生物多样性，人类就不能在地球上生存，就不会感受到树林的绿意、海洋的浩瀚。假如没有花鸟鱼虫与我们相伴，也没有飞禽走兽和我们戏耍，人类会感到非常孤独。因为只剩下人类自己生活在这个世界上，生活将会变得索然无味，更何况没有其他生命，人类根本就无法生存。

五、变垃圾为宝

随着城市和人口的不断增多、工业的迅猛发展，垃圾的泛滥已成为污染环境的公害。我国目前城市生活垃圾年产量已达到 1.5 亿吨，占世界总量 1/4 以上，并按 5% ~ 10% 的年增长速度递增。垃圾越堆越多，全国已有 400 多座城市被垃圾包围。

垃圾的报复

垃圾泛滥，污染大气和水资源，侵占土地和污染土壤，对人造成严重危害。有这样一个故事，讲述了垃圾是如何报复人类的。

多年前，日本有个村子，村里一群人同时患上疯病：16 名原本健康的村民都出现了上肢颤抖、下肢发硬、直立而行动不便的病态。他们一会儿大笑，一会儿大哭，喜怒无常，这些都是精神病患者的症状。这真是闻

废电池的危害

电池中含有少量的重金属如铅、汞、镉和锰等,这些重金属等有害物质泄露出来,进入土壤或水源,就会通过各种途径进入食物链,对环境造成危害。

这些有毒物质进入人体内,会损害神经系统、造血功能和骨骼,甚至可以致癌。一节5号电池会对5平方米土地产生重金属污染长达50年之久。一粒钮扣电池可污染60万升水,相当于一个人一生的饮水量!

所未闻的怪事。

这16名患疯病的村民为什么会集体发疯?尽管借助于仪器检查,当地医院的医生仍然查不清病因。更为严重的是,隔了不久,竟然有几位疯病患者一命呜呼了。

这起严重的群体发疯事件惊动了东京医科大学的专家们,他们立即对这个村进行调查,检验食物,化验饮水……最后发现饮水中含有大量有毒的碳酸氢锌和碳酸氢锰。专家们认为这两种物质就是导致这16名村民发疯的罪魁祸首。

然而,饮水中的有毒物质是从哪里来的呢?人们检查后发现,在井旁的泥土中有大量的废旧干电池。碳酸氢锰和碳酸氢锌这两种有毒物质,就是来自干电池外壳的锌以及电解质氯化铵、氯化锌及二氧化锰。当干电池废弃在井旁被埋入土里后,时间一长,外壳被腐蚀,锰和锌便分别转化为碳酸氢锰和碳酸氢锌,渗入井水中,致使那16名村民疯癫。

垃圾的处理

处理垃圾首先要进行垃圾分类,然后使垃圾达到无害化、资源化、减量化的处理目标。无害化,就是把垃圾中的有毒有害物质分离出来,进行特殊处理。减量化，就是减少垃圾的数量或减小垃圾的体积。资源化，就是让垃圾重新变成有用资源，变废为宝。

垃圾处理的技术，主要有焚烧、填埋、堆肥等。

焚烧　将垃圾放入高温炉中烧成灰，然后填埋。这是目前世界各国广泛采用的城市垃圾处理技术。此法的优点是卫生杀菌、缩小垃圾体积、产生的热量可以利用。国外发达国家普遍致力于推进垃圾焚烧技术的应用。然而此法需要配备大型的有热能回收与利用装置的垃圾焚烧处理系统，耗资巨大，操作管理要求高；特别是焚烧时会产生剧毒的二噁英气体，必须对之进行一系列的处理。

填埋　将垃圾填入已预备好的坑中盖上压实，使其发生生物、物理、化学变化，分解有机物，达到减量化和无害化的目的。还可回收进行垃圾沼气发电。缺点是永久性占地面积大，如设计、施工、管理不好，仍会污染土壤和地下水。

堆肥　利用微生物对垃圾中的有机物进行代谢分解，变成肥料。存在的问题是肥效低；而且一定要把有毒有害物挑拣出来再堆肥，否则将成为有毒肥料。

变废为宝

"垃圾堆里有黄金"。垃圾除了前面叙述的能通过燃烧、掩埋发电以外，垃圾中还含有大量可再生利用的资源。据测算，每回收利用1万吨废旧物资，可节约标煤1.4万吨。回收1吨废钢铁，可炼好钢0.9吨，节约铁矿3吨、焦炭1吨。回收1吨废玻璃再炼，可生产篮球场那么大的一块玻璃，并节约成本20%，节约煤炭10吨、电力400度、石英砂720千克、纯碱250千克。电器产品换代的节律越来越快，报废电器中的元器件平均只用了2万小时，只相当于实际寿命的1/25，这些元器件还有很高的利用价值。

每个家庭都会有许多废纸。可不要小看它，它的用场大得很！废纸经

生鲜垃圾再利用

　　从生鲜食品市场、食品加工厂、超市和饭店收集来的固态生鲜垃圾运抵垃圾工厂后，直接被从翻斗运输车上倾倒入进料口。垃圾从上至下依次经过两类粉碎机。粉碎后的垃圾进入特殊的筛选机，混入其中的塑料托盘、保鲜膜等难以发酵的杂质被一一分离，而生鲜垃圾如牛奶、果汁等可以直接进入调整槽。在调整槽中稍事"逗留"，做好了发酵准备的生鲜垃圾被送入发酵槽。送入发酵槽的垃圾在 35～37℃环境下，经过约30 天发酵，就转变成沼气。

77

过分类及处理后，可以制成多种不同品质的价廉物美的纸浆，用于生产各种纸张。

垃圾分类

　　虽然麦草、竹子、芦苇等均可作为造纸原料，但从原料供应、产品质量、三废治理和经济效益等多方面的因素来看，以木材为原料最为理想。而利用废纸资源，可以节约木材、减少采伐、保证质量，还可以减少污染、节约能源、降低成本。据测算，每利用 1 万吨废纸，可生产纸浆 8000 多吨，节约木材 3 万立方米，节约标准煤 1.2 万吨，节水 100 万立方米，少排放废水 90 多万立方米，节电 600 万度。废纸回收利用是发展造纸工业的一条重要途径。

　　青少年朋友，你是否将家里的垃圾投进分类的垃圾箱里呢？假如大家共同努力，学会将垃圾分类，而不乱扔垃圾，再加上大力发展垃圾回收技术，那么就有可能做到垃圾减量化、资源化、无害化。

饿死的海鸟

一群海鸟掠过蓝色的海面，突然，它们发现浪花中许多"鱼儿"漂浮、跳跃着，海鸟纷纷迅猛地冲向目标，一口吞下猎物。然而，这些贪吃的海鸟上当受骗了。它们吞下的并不是美味的鱼虾，而是人们丢弃的透明塑料袋。这些白色的废物在鸟的胃中纠结成一团，堵塞肠道，海鸟再也吃不进任何食物，最终都活活地饿死了。

当你乘火车时看到铁道两旁一片片白色，不要以为这是雪片，那是乘客随意抛出的快餐盒。在自然界，一只快餐盒要经过400年才能降解消失。

由于塑料属于高分子化合物，极难降解，既不受微生物侵蚀，也不易自行分解。残留在土壤中的塑料垃圾还会造成土地板结、地下水难以下渗、粮食大幅度减产等一系列恶果；而扔在海里的塑料袋，经常会被鱼和海鸟

吞食塑料袋的海龟

潜在的矿藏

废旧塑料是"人类的第二矿藏"。塑料的原料是从天然石油中提炼的化工产品，而石油是现代工业的命脉，是不可再生的自然资源。废旧塑料回收后，经过技术处理，可以再生成各种塑料和石油化工产品。

废弃的塑料裂解后，可加工成高质量的燃油。有的企业1吨废旧塑料可生产大约半吨油。国外有的企业经过技术处理，废旧塑料的70%能转换为有用的芳香族物质，这些物质可做化工品和医药品的原料及汽油用燃料改进剂等。废旧塑料通过分类、破碎、清洗、造粒后，可再生成各种塑料制品。

吞食，使它们因无法消化而死亡。现在，全世界每年清除塑料垃圾的费用已是生产塑料制品费用的10倍。

怎么才能消除"白色污染"呢？科学家研制出一种由多聚糖的无毒透明薄膜制成的塑料，这种塑料可自行分解。另外，我国也研制出以红薯淀粉为原料的可溶性塑料。这些塑料扔掉后可迅速降解消失，不会给环境留下后遗症。

田里"长"出塑料

汽车中的很多材料采用塑料，而金属所占的比例正逐渐缩小。有趣的是，塑料的生产正在从工厂向农田转移，将来或许有一天汽车也会从农田里"长"出来。

巴西一家公司先用植物淀粉合成乳酸，再用其来加工塑料，为此，培育出了淀粉含量高出正常品种30%的红薯品种。科研人员在一片面积约1500公顷的实验田的中央建起一座工厂，把收获的红薯加工成塑料。这种塑料制成的部件废弃后埋在土里还可分解成水和二氧化碳，自行降解。这种材料不仅可用于汽车制造，在家用电器上用途也极其广泛。

科学家从具有合成聚酯能力的微生物中提取出相关基因，然后移植到水稻中去。待水稻成熟后，从茎叶中提取的聚酯可用来加工饮料瓶。这种饮料瓶与目前市场上流通的饮料瓶的最大区别在于，丢弃、掩埋到地下之后，可自行降解，不会造成任何污染。

从天而降的垃圾

欧洲有一个名叫曼尼托维克的小城。一天，有一位从餐馆用完餐的客人，刚迈出大门要走进汽车，这时空中传来一声尖厉的呼啸，像是有一架喷气式飞机朝他俯冲下来。伴随着两声巨响，一块巨大的碎片从空中猛砸下来，正落在汽车上。汽车在一瞬间被压成扁扁的一片，这位客人吓得目瞪口呆。事情来得太突然了，这东西是从哪儿来的？难道是从天上掉下来的？确实如此，这东西是从天上掉下来的，这是美国一架航天器脱离轨道失事后所产生的碎片。

随着航天科技的发展，越来越多的飞行器飞上了太空。有些飞行器如人造卫星、航天飞机和火箭等，在太空飞行时发生了事故。

人们把这些因失事造成的卫星、火箭残骸以及各种人造太空废弃物，称为"太空垃圾"。

目前，太空中已进入了1.4

太空垃圾包围地球

万枚飞行器，除了约有 9000 枚消失在大气中和被回收外，其余 5000 枚还留在轨道上，其中的 4000 枚已成为太空垃圾。它们影响人类在宇宙空间的探测活动，危及宇航员的生命；一旦穿过大气层进入地球表面，还会造成人类生命财产的损失。因此，想方设法清除太空垃圾，已成为航天事业的一项重大任务。

太空"定时炸弹"

目前，太空垃圾——人类在太空活动中产生的废弃物，越来越多。已经有数千吨太空垃圾在绕地球飞奔，而且以每年 2%~5% 的速度增加。它们包括航天飞机上的齿轮、螺丝、螺帽，残损的仪器、报废的火箭、卫星、发电机，还有被遗弃的运载火箭推行器残骸、火箭剩余燃料、未用完的电池，航天员产生的生活垃圾，乃至航天员在太空行走时遗失的扳手、手套等。要知道，太空垃圾是以宇宙速度运行的。一颗迎面而来的直径为 0.5 毫米的金属微粒，足以击穿密封的飞行服；人们肉眼无法辨别的尘埃（如油漆细屑、涂料粉末）也能使宇航员殒命；一块仅有阿司匹林药片大的残骸可将人造卫星撞成"残废"，可将造价上亿美元的航天器送上绝路。

各种各样的太空垃圾

这些不计其数的大小不等的太空垃圾，好像是一颗颗"定时炸弹"，随时危及航天器的工作。如果击中空间站，后果不堪设想。有资料记载，1986年"阿丽亚娜号"火箭进入轨道之后不久便爆炸，成为564块10厘米大小的残骸和2300块小碎片，这枚火箭的残骸使两颗日本通信卫星"命赴黄泉"。1983年"挑战者号"航天飞机曾在太空遭遇一块废弃航天飞机上脱落的漆皮，结果玻璃上被削出一个小坑。

"终结者"

为确保太空垃圾不与空间站相撞，美国太空中心自始至终地计算着如何避免太空碰撞的危险，让航天飞机及时改变运行轨道，避开飞驰而来的太空垃圾。

科学家研制出一种新设备——"终结者"，设想在卫星上加上一个收集网，用一根5千米长的轻型电子绳拖带。当卫星达到指定位置后，就松开收集长绳。在地球磁场作用下，网袋垂向地球一侧。在装进一定量的垃圾后，即坠入大气层烧毁。这样，原来会绕地球飞行上百年的垃圾块，就能够在十几天内消除。又如飞行器研究者们正打算建造一种航天飞机，在它发射成功后，能把多余的燃料倒入太空，从而减少因爆炸而产生的众多碎片。

科学家提出了有关对宇宙进行开发的国家共同遵守的"行动范围"，如能切实执行，将使太空垃圾问题得到一定控制。它包括不乱丢垃圾，消灭正常操作所产生的碎片；不遗留危险物，包括将残存推进剂等能量源排空；处理废弃物，或将其送入安全区域保管；加强对太空垃圾的观测等。相信未来会解决太空垃圾问题。

循环经济

循环经济是一种最大限度地利用资源和保护环境的经济发展模式。它是 21 世纪经济发展最先进的模式，从根本上缓解和消除了环境与发展之间的矛盾，缓解人类社会的资源矛盾，实现经济活动的生态化转向。实现循环经济是我国经济进一步发展的必由之路。前面讲的变垃圾为宝，也正是循环经济所要求的。

传统经济的活动过程是"资源—产品—污染排放"。它对资源的利用常常是粗放的和一次性的，导致了许多自然资源的短缺和环境的严重污染。而循环经济则要求经济活动成为"资源—产品—再生资源"的物质反复循环流动的过程，要求资源回收利用、循环使用，把废弃物化害为利、变废为宝，从根本上缓解资源供给的压力，从源头上减少污染物的产生，实现自然资源的低投入、高利用和废弃物的低排放。

实现循环经济，企业要进行清洁生产，并尽量使产品小型化、减量化，使装备能便捷地升级换代，易于拆卸和综合利用；社会要建立废旧物资、废水和生活垃圾的回收系统，以变废为宝；同时大力构建循环型生态工业、循环型生态农业和循环型生态社会。

资源的循环利用

循环型生态城市

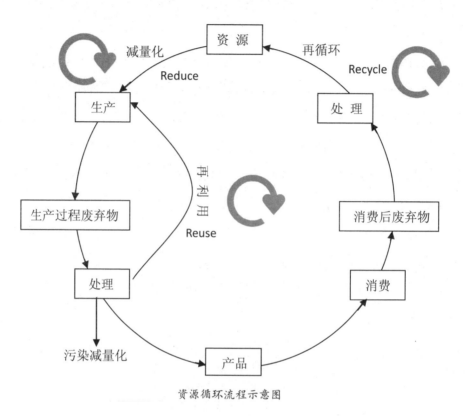

资源循环流程示意图

20世纪80年代，苏联科学家奥·延尼斯基第一次明确提出生态城思想。生态城市虽然没有固定的格式，但生态学家指出"3R"——减少资源消耗(Reduce)、增加资源的重复使用(Reuse)和资源的循环再生(Recycle)，是走向生态城市的三个不可缺少的步骤。已有不少城市取得了建设生态型城市的丰富经验。2010年上海世博会以"城市，让生活更美好"为主题，把整个世博园区作为一个未来生态城市的雏形充分地展示出来。

世博会期间每天都要接待数十万人，产生了"海量"的生活垃圾和污水。对此世博园区通过资源循环利用，实现了园区垃圾和污水的减量化、资源化和无害化。走进世博园，你会看到资源循环利用的若干亮点：

生物发电 世博会期间，食物的消耗量是一个惊人的数字。不过，这

循环型生态农业

菲律宾的玛雅农场是一个良性循环的农业生态系统。它是从20世纪70年代开始，经过10年的努力而建设成功的。农场拥有36公顷的稻田和经济林，饲养了2.5万头猪、70头牛和1万只鸭。

为了控制粪肥污染和循环利用各种废弃物，他们陆续建立起十几个沼气生产车间，每天产生沼气十几万立方米，提供了农场生产和家庭生活所需要的能源。另外，从产气后的沼渣中，还可回收一些牲畜饲料，其余用作有机肥料。产气后的沼液经藻类氧化塘处理后，送入水塘养鱼养鸭，最后再取塘水、塘泥去肥田。农田生产的粮食又送面粉厂加工，进入又一次循环。像这样一个大规模农工联合生产企业，不必再从外部购买原料、燃料、肥料，也能保持高额利润，而且还没有废气、废水和废渣的污染。

些剩饭剩菜并没有污染环境，相反经过生物发酵分解生成一种气体，直接驱动燃料电池来发电。

余热利用　传统发电站，会有大量余热被浪费掉。而世博园能源中心，在供电的同时还供热：余热先以蒸汽形式，为制冷机（如空调）或热交换机提供动力，实现制冷或制热；随后再二次循环利用，为大楼提供日常生活热水。

环保厕所　世博园区环保厕所独有的微生物除氮、污泥过滤和臭氧杀菌三道工序，保证厕所内一尘不染，滴水不浪费。一座厕所若按每天使用750次计算，在世博会期间至少可节水1000吨。而且，环保厕所排出的水是没有臭味的清水，可用来冲洗建筑物墙面、玻璃等。

绿色建材　世博园中的生态建筑样板房，大批使用了3R材料，最大限度地实现废物利用和资源循环。比如，废骨料、矿渣粉、粉煤灰，

甚至栽培花草的小陶粒，都是水泥的完美"替身"。

实践"4R"，绿色生活

"4R"是从"3R"演变成来的，在"3R"的基础上，增加了"再制造"（Re-manufacture）。每天，我们的生活都需要很多资源，也产生大量的垃圾。人类日益增加的资源消耗和垃圾生产已经快使地球母亲难以承受。全球变暖、资源短缺、能源危机、环境污染和生态破坏等，一系列严峻的问题摆在人类面前。

保护地球，保护我们赖以生存的环境，我们每个人都要从日常点滴做起！那如何绿色生活呢？请按照"4R"原则生活吧！

"4R"原则

国际通用的"4R"原则就是减量化（Reduce）、再利用（Reuse）、再循环（Recycle）和再制造（Re-manufacture）。这个原则对于工农业生产和人们的日常生活都适用。

减量化：投入较少的资源得到合格的产品，减少浪费，避免产生不必要的废弃物。

不要过度包装，减少包装废弃物的产生。

再利用：将用过的产品通过一定途径回收再使用。

啤酒瓶回收，经过清洗、消毒、安全检测等程序，重新灌装啤酒。

再制造：对废弃物进行修复，再制造成新的产品。

将旧的汽车发动机再制造成新的发动机。

再循环：废弃物及垃圾中的有用成分回收再利用。

将塑料制品回收后重新制作成塑料粒子，再制成塑料制品。

绿色产品

遵循"4R"原则，发展循环经济，实现可持续发展是人类社会现在乃至未来的发展方向。我们来看看设计师们遵照"4R"原则，为我们提供的绿色产品吧。

无订书针型订书机

这个订书机可是一款不用订书针的订书机。它能在纸上打两个小孔，将8页纸折叠起来，形成"纸订书针"。据统计，如果我国每个办公室员工一年少使用一个订书针，就会节约120吨钢。

无订书针型订书机

电脑包

看出这个电脑包的特殊之处了吗？它是由再循环的和可循环的纸板制作而成的。

电脑包

塑料袋胸针

这个胸针很别致吧。你绝对想不到，它是用废弃的塑料袋做的。这不失为一个解决塑料袋造成的白色污染的好办法吧！

塑料袋胸针

奶瓶台灯

右边的这盏台灯可都是用牛奶瓶做的！你可以把任何大小的塑料奶瓶再利用，贴上你喜欢的贴纸，做成一盏个性化的台灯。

奶瓶台灯

饮料瓶灯

很酷吧！这盏灯竟然是用回收的饮料瓶手工制造的。

饮料瓶灯

轮胎皮带

这款皮带很酷吧。知道它的出处吗？自行车轮胎！这是用废弃的自行车轮胎再制造的。这种皮带可是载满了历史：走过的每千米、每次刹车和每个石头的印记……

轮胎皮带

纸工艺品

这有什么特别的，不就是一个木头的工艺品。错！这是用纸做的，是用不再使用的书本、报纸及复印纸做的。经过处理，这些纸已经坚硬到犹如它们最初的状态—木头般了，并且拥有了与木头相似的纹理。

工艺品

泡泡糖垃圾箱

这可是个垃圾箱。它不仅能收集丢弃的口香糖，而且还是用口香糖做成的。丢弃的口香糖和生物树脂结合在一起，会转化成一种生物所能分解的材料。这种材料又可以制作成垫子或更多的垃圾箱。

可爱的垃圾箱

绿色实践

了解了"4R"原则，也领略了一些遵照"4R"原则设计的绿色产品，你肯定要问，在日常生活中到底该怎么做呢？

避免浪费，减少垃圾的产生

● 在购买时要注意理性消费，买真正需要和喜欢的东西。

- 尽可能长时间的使用自己的物品，在物品损坏时尽量维修继续使用，或者自己动手改造成其他有用的物品，尽可能减少垃圾的产生。
- 选择大包装的日用品，减少包装废弃物的产生。
- 购买能效高的设备，选用耗能低的灯泡。
- 购买二手品、出售或转手自己不用的物品。
- 拒绝使用塑料袋、一次性筷子和一次性纸杯，不用餐巾纸，用手帕。
- 使用饭盒和可重复装饮料的水瓶。
- 使用充电电池。
- 用洗脸水或洗澡水来浇花。

绿色消费

- 在完成同样功能的前提下，尽量选择符合"绿色设计和技术"理念的产品，促进绿色产品的良性循环。
- 尽量选择本地生产的产品，节约运输中的能源消耗。
- 选择季节性的水果和蔬菜。

垃圾分类

- 按照所在地政府的要求参与垃圾分类，方便政府有效地对各种垃圾进行资源化利用和安全处置。
- 目前我国大部分地区有专门的物资回收行业，应在丢弃垃圾前将可回收的物资交给回收人员，进入资源再生渠道。

六、身边的环保

边的环境对人们的健康至关重要，电器的电磁波污染、噪声以及居室的空气都会影响我们的健康。为了让我们生活得舒畅、健康，现代环保科技奇幻般地营造了空中生态农场、绿色住宅和环保"纸桥"，使环境污染减少到最低。

电脑"杀人"

1982年5月，日本山梨县阀门加工厂的一个工人，正在调整停工状态的螺纹加工机器人。突然，机器人一下子抱住工人旋转起来，造成了悲剧。

1985年，苏联发生了一起家喻户晓的电脑"杀人"事件。国际象棋冠军古德柯夫同电脑下棋连胜3局，电脑恼羞成怒，突然向金属棋盘释放强大的电流，在众目睽睽之下将这位国际象棋大师击倒。

电脑怎么会"杀人"呢？经过调查，案情真相大白：杀人凶手竟是无形的电磁波。电脑程序受到外来电磁波的干扰，电脑硬件出现故障，放电击倒了象棋大师。

随着电器的日益普及，周围空间的电磁波也与日俱增。手机、微波炉等都会产生不同波长的电磁波。这种看不到、摸不着的电子污染，处处与人捣蛋，危害着我们的健康，令人防不胜防。瑞典一位从事计算机工作的女士全身出现红斑，非常疼痛，且伴有头晕、恶心等症状。医生诊断她患了"电磁过敏症"，是电子污染长期作用的结果。人体受到电磁波的干扰，使机体组织内分子原有的电场发生变化，导致机体生态平衡紊乱。

隐形杀手

电磁波到底是什么呢？

电磁波是由不同波长的波组成的。X 射线、紫外线、可见光、红外线、超短波和长波无线电波都属于电磁波的范围。而电器所发射出的电磁波，可辐射大量的能量，很容易被人体吸收，导致生理功能紊乱。长期受电磁波辐射，会引起脑神经、内分泌、心血管等系统的病变，被称为人类健康的"隐形杀手"。

现在，手机的使用确实给人们工作生活带来方便。但医学专家指出，手机的工作频段属于超短波，作用于人体犹如医学上的放射诊断和治疗一样，剂量过大或时间过长会导致疲劳、失眠、头痛等，甚至损伤人的脑组织。

那么，怎样才能消除电磁波污染？

在家庭生活中，家用彩电、冰箱、空调等电器不宜集中摆置，应适当分散。观看彩电的距离应保持在 4～5 米，并注意开窗通风。手机刚接通时释放的电磁波强度最大，因此最好在手机响过一两秒钟后接通。看好电视、用过电脑后及时洗脸，以免其辐射导致皮肤干燥、加速皮肤老化。

此外，在有电磁波辐射的房间里，放置一些绿色植物，这样能减少辐射对人体的伤害。青少年应尽量少玩电子游戏，平时应多吃新鲜蔬菜和水果，多食用富含维生素A、C和蛋白质的食物，加强人体抵抗电磁波辐射的能力。

警惕装修污染

房屋装修时用的建材、油漆、涂料、胶黏剂等会挥发出有害人体的苯、醛、氡、铅、汞等。如长期接触苯，会引起慢性中毒，出现头痛、失眠、记忆力减退等神经衰弱症状，严重的可导致再生障碍性贫血甚至白血病；甲醛能引起呼吸道的严重刺激和水肿、眼刺痛、头痛、气管哮喘；长期受氡辐射，会造成造血器官、神经系统、生殖系统、消化系统的伤害，甚至诱发肺癌等。此外，煤气热水器、杀虫喷雾剂、化妆品、抽烟、厨房的油烟等，也会污染室内空气，危害人体健康。

为了防治室内空气污染，房屋装修选购建筑材料时，应向商家索取由权威部门出具的有关污染物含量的安全证明；装修时应签订竣工后室内空气质量合同；房屋装修完毕后，一般要在通风情况下空置一个月到数个月，使有害的挥发性物质释放殆尽，方可居住。

养花吸收有害物质

防治室内空气污染，应保持室内通风；同时可养一些能吸收有害物质的花草，如吊兰、文竹、芦荟、龙舌兰、虎尾兰等。不同的植物能吸收不同的有害气体，常春藤、铁树等能吸收苯，万年青、雏菊、龙舌兰等植物能吸收三氯乙烯、甲醛气体，月季、玫瑰等植物吸收二氧化硫，桂花具

仙人球　　　　　　　　　　吊兰　　　　　　　　　　月季

有吸尘作用，金琥、麒麟掌、仙人球、仙人掌等能吸收甲醛、乙醛等有毒有害气体，还能够吸收电磁波辐射。

　　此外，还可用一些仪器设备治理室内空气污染。诸如：空气析解机——"空气清"（采用纳米光触媒技术等先进技术，分解和氧化苯类、甲醛、氨气等有害气体，使之变成无毒无害气体和水汽，并消除各种异味），以及负氧离子发生器、空气消毒机、空气处理臭氧机、空气净化机等。

蓝鲸的悲剧

　　加拿大纽芬兰的波林半岛风景宜人，湛蓝的海面上，有时会突然喷起一股水柱，像喷泉一样，突然从水面下跃出一个庞然大物，这就是世界上最大的动物——蓝鲸。

　　1979年7月的一天，许多蓝鲸像是受了惊吓一样，争先恐后地向海滩上冲来。不一会儿，眼前便出现了空

大量蓝鲸搁浅在海滩上

痛苦的蓝鲸

前的惨景：100多条蓝鲸搁浅在海滩上，苟延残喘。蓝鲸奋力地挣扎，痛苦地呻吟……

蓝鲸为什么要自杀？是什么原因导致了这场悲剧的发生？

后来，美国拉斯帕尔马斯大学兽医学系教授胡拉多和英国伦敦大学生物系教授西蒙斯经过细致深入的调查研究，揭开了蓝鲸"集体自杀"之谜。

原来，蓝鲸"集体自杀"是由于军舰产生的各种噪声污染造成的。军舰上的发动机声音，水下的爆炸声，以及军舰上的水声测位仪和回声测位仪（声纳系统）等，造成了鲸回声定位系统紊乱，致使蓝鲸不辨方向而误送性命，酿成了这场空前的悲剧。

那么，什么是噪声呢？简单地说，噪声就是人们不愿意听到的声音。声音的强度是用"分贝"作为单位来衡量的。一般将60分贝作为令人烦恼的音量界限，超过60分贝就会对人体产生种种危害，也就是噪声。

"吵死人"事件

世界各国医学界从临床中证实，当代社会中高血压和冠心病患者日益增多，与噪声污染有着密切的关系。

噪声使人的交感神经紧张，末梢血管收缩，心动过速，血压变化，还会使大脑皮层的兴奋和抑制的平衡状态失调，进而引起头痛、头晕、记忆力衰退、注

飞机噪声吵死人

知识链接

"吃掉"噪声的公路

英国科学家发明了一种能"吃掉"噪声的公路。这种新型的公路用一种全能材料——粒粒水泥按一套特殊的工序铺成。首先要在公路上铺一层普通混凝土，厚度约20厘米，并且将路面平整。然后铺上一层较薄的粒粒水泥，厚约2厘米，并在路面上喷化学阻滞剂，防止泥灰浆凝结在路面上。12小时后，用机械刷刷除水泥灰浆，就形成了别致的颗粒凸露的路面了。

这种特殊的铺路材料上具有很多小孔，本身还有弹性，能把机动车在路面上行驶的震动能转化成材料内部的热能散发掉，从而使震动和噪音都迅速减弱。

意力分散、疲乏、失眠等症状。在噪声环境里，神经衰弱症患者往往高达50%～60%。

更不可思议的是，噪声还真的"杀"过人。

那是 1991 年的一天，三个异想天开的年轻人想要创造一项吉尼斯世界纪录，他们要让三架喷气式飞机从他们的头顶飞过。事先，科学家告诉他们，这会有生命危险的，劝他们停止这种拿生命开玩笑的愚蠢冒险。

噪声的强度在 140 分贝以上时，钢筋水泥的建筑物也会受到损坏。而当达到 160 分贝以上时，动物就会昏迷乃至死亡。一架喷气式飞机的发动机噪声，一般都在 140～150 分贝以上，三架飞机飞过后，人在下面会是什么后果实在是难以想象。

冒险之后，果然一幕惨不忍睹的悲剧发生了。三个青年非但没有在吉尼斯纪录上留下名字，有两个马上葬送了年轻的生命，另一个成了傻子。

防治噪声

人类在不断地制造噪声，同时也在不断地利用高新科技来消除噪声。

美国已研制出第一代反噪声自动消音器，将它放在直升机驾驶员的头

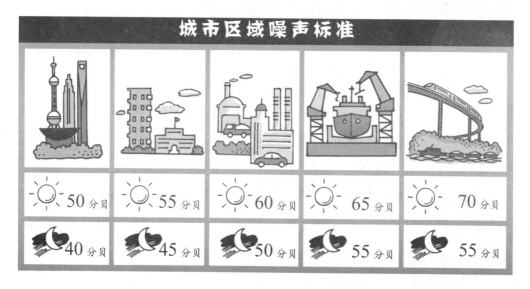

噪声对健康有害

戴授话器内，可以降低噪声20分贝。1986年，2名驾驶"空中旅行者"飞机绕地球进行不着陆飞行的美国驾驶员，用的是马萨诸塞电子工厂制造的头戴授话器来保护耳朵。

传统的治理噪声的方法就是从声源上、声音的传播途径上以及接收点上来控制噪声。比如改善机械装置，使噪声的产生量减少；采用玻璃棉、泡沫塑料等来防止噪声的传播。

最近，科学家发明了利用反噪声来消除噪声。

我们知道，噪声是一种音波，它具有物理学上振幅、频率、相位的特性。科学家就是根据这种原理将一种与某种噪声频率、振幅相同，而相位相反的声音来抗噪声。具体方法就是在噪声发生的地方安上一个话筒，收集其发出的噪声，再用计算机和传感器测出该噪声的频率、振幅、相位，然后将这种噪声复制下来，在与原来噪声相位相反的位置释放复制的噪声，就能使峰谷和峰底相互消长，达到以噪治噪的目的。

噪声的绿色屏障

前不久，英国植物学家辛普森发现，棕榈、无花果、龙血树和百合花等多种植物，都能使高频率噪声降低 10% ～ 20%。这些植物之所以有消声效果，是因为它们的叶片能把声音向许多方向转移。因此，森林可谓是防止噪声的屏障。

科学家经过多年研究，发现绿色林木能降低噪声。由于树木体内水分上升和根系吸水的动力——蒸腾拉力和根压，不断将水分从根部送往绿叶，在这种轻微周期性振动的过程中，能产生难以觉察的声波，可以把空气传播的来自非周期性振动声源的噪声相抵消。因此，树林能有效地减轻噪声对人的干扰。

从林木消减噪声的效果来看，林带越宽越密越好。在城市里，最少要有宽 6 米、高 10 米的林带，消减噪声效果比较明显，而且要求林带不宜离声源太远，一般在 6 ～ 15 米之间为好。为了提高绿化消减噪声的常年效果，应尽量选用四季常绿的树种，尤以乔木为主。

据测定，在街道房屋外种上两排阔叶林，能使机动车辆的噪声由 90 分贝降至 75 分贝。30 米宽的林带，可吸收噪声 6 ～ 8 分贝，40 米宽的林带则能吸收噪声 10 ～ 15 分贝。城市公园中的成片树林，能使噪声降至 26 ～ 42 分贝，对人体基本无害。

"空中"农场

世界人口正以每 12 年约 10 亿人的速度增长。因此，我们人类未来最适宜居住的将是形形色色的生态建筑。未来的建筑师运用各种高新科技，把建筑物建造得像生命体那样，让人们更适宜在地球上生存。

为了最大限度地改善环境、节约能源，科学家构想建造了"空中"农场。

它将是一栋 50 多层的大厦，建设在城市里或城市近郊。这样，生产农作物可以直接利用来自城市的有机垃圾和不含化学物的生活废水，同时，又省却了农作物的贮藏和运输过程，城市居民可以直接吃到新鲜的瓜果蔬菜。

"空中"农场不仅是水果、蔬菜和谷物的生产基地，而且还能生产出清洁能源和净化废水。

在那里，可以建造池塘养殖各种鱼类，还可放养家禽；利用无土栽培方法种植各种植物，将植物悬置在水中或者其他营养液中；利用太阳光来生产热量和发电，以便昼夜不停地为植物提供最优化的生长条件。"空中"农场类似巴比伦空中花园的种植园，可以全年 365 天不间断地种植、收割，其产量将是普通农场的 300 多倍。

"空中"农场的主要能源来自太阳能板吸收的太阳能。楼顶还安装风力螺旋叶，像风车那样，为大楼提供风能。整座大楼的玻璃面板由钛氧化物造成，能收集污染物。雨水是它的最好清洁剂。下面的水槽收集雨水，进行过滤。

大楼设有控制室，控制整座大楼的运作。每层楼的天花板上安装有土

农场是一个自循环体系

壤水分蒸发恢复系统，冷冻的流动液体能吸收植物蒸发的水汽。

"空中"农场将是一个自循环体系，整体就像一棵巨大的植物一样。每座农场都有数十层楼高，一边生产水果、蔬菜和谷物，一边产生清洁能源，净化污水。另外，它产生出来的有机废料也可进行沼气发电。总之，"空中"农场不但为城市居民提供了新鲜的食品，还可以净化城市环境，而其本身又不制造任何垃圾。

太阳能住宅

充分利用太阳能是未来住宅的主旋律。

未来，科学家将为住宅"穿上"能变形的"太阳能外衣"，看起来就像是穿上了蓝色粗斜纹棉布。这种"太阳能外衣"可以根据阳光的方向而随意变形，变形后就会大大增加能产生太阳能的有效区域面积。

"太阳能外衣"上覆盖了太阳能电池。与传统的太阳能电池不一样的是，在两片铝箔中间夹着数千颗廉价的硅球，铝箔外面都封上塑胶。每颗硅球的功能就犹如一个微小的太阳能电池，能吸收太阳光并转换成电力。

舒适的太阳能住宅

日本科学家利用楼房外墙中部向阳面设置了太阳能集热器，形成一个"太阳幕墙"，解决了只有平顶房屋才适宜安装集热装置的局限性。西班牙首都有一座高层办公大楼，就是用外墙采阳集热来调节室内温度的，夏天要比室外凉快 10℃，冬天则温暖如春，屋顶的太阳能加热器可为整座大楼提供热水。德国设计的应用燃料电池的住宅，屋顶上装有太阳能硅电池，整个建筑物都采用高效热交换材料，屋外砌有大块的硅砖，此外，还安装了氢气发生器，把产生的氢气储存在燃料箱中，可用作燃料电池的燃料。

　　太阳能住宅中装了一种特别的窗棂。它在双层玻璃中装了一组百叶窗，颜色是黑色的，易于吸热。白天它采阳吸热并储存起来，到了晚上再向室内施放暖气，使室内的昼夜温差缩小。

　　瑞士科学家发明了一种利用太阳能发电的住宅用户玻璃。其发电原理类似植物绿叶的光合作用，它的结构像树叶，是夹心式的，含有捕捉光能的染料和半导体物质。光线可激发染料层中的电子，经过定向传递产生电流。其光电转换率为10%以上，每平方米可发电 150 瓦左右，与普通太阳能电池差不多，而成本却只有太阳能电池的五分之一。

风动力房屋

风动力房屋

　　这种风动力房屋共有7层，底层是不能转动的，而上面的6层可以随风转动。因此，你每分钟看到的房子外形都是不一样的。这是世界上第一栋以风作为旋转动力的建筑。

这栋风动力房屋由超轻材料制成，这便赋予了可以随风转动的特质。从远处眺望，旋转起来的房屋就好像是一个巨大的风车。居住在这幢房屋里的人还可以随喜好自行操控自家房子，例如改变房子的朝向、温度和景色等。风在吹动房子改变其外观的同时还可以用来发电，为居民提供夜间照明。

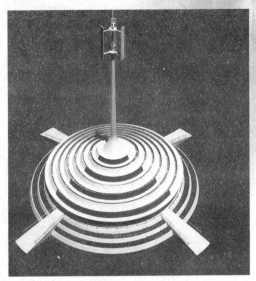

加州州立大学校园的半封闭亭子

另外一个新的设计是加州州立大学校园的一个半封闭亭子，可以用于中型的集会和平时师生的休闲。这座建筑主要用轻型、高强度的合成混凝土建造。建筑的大型穹顶用烧结玻璃覆盖，并用一系列"百叶窗"结构遮挡。屋顶下的大块面积安装了活动板凳，它们可以从地板中拉起来，构成不同的模式。

穹顶的中间是一大块圆柱形数字投射放映屏，还有用来制冷的一系列喷嘴。这座建筑最醒目的是位于建筑中部的风力涡轮发电机，它离底座有45米的高度，可以发电直接使用或存储在电池里，电池安装在建筑的基座下。巨大的太阳能电池板位于礼堂顶部的百叶结构上，也能产生额外的电能供校园使用。

垃圾屋和轮胎屋

美国一家建筑公司为保护环境、节省资源，用回收的垃圾建造房屋，俗称"垃圾屋"。它主要采用回收的钢材，外饰由锯末和碎木加上20%的聚乙烯制作而成。这不但减少了木材的使用，使房屋更坚固安全，也有利于废物综合利用和环境保护。

垃圾屋

　　英国苏格兰就有人用轮胎盖出了被称为"世界上最环保"的房屋。这间房屋的建筑师麦克雷诺将废弃轮胎变成了坚固耐用的建材。将水泥灌入轮胎，就是高密度的橡胶砖，木头覆盖羊毛就是具有防雨效果的屋顶，由附近的风力发电机提供电力。这间屋子不但没有给环境造成任何污染，造价也相当低廉。

轮胎屋

未来的绿色住宅

让我们走进未来的住宅，感受一下其中的奥妙吧！

未来的住宅里，房屋用智能材料建筑而成，具有多种自动控制功能；房间格调也可随意设计。它淘汰了传统的砖和混凝土，取而代之的是新型超级混凝土。它还采用一种真空粉粒状绝热材料，盖成的房子不需要安装供暖设备，也不需要其他任何能源。有些房间里的墙壁是用特殊物质构成的，可以生长出形态各异的植物，这些植物还散发出春天般的气息，使空气清爽宜人……

未来住宅里最常见的布置将是可供观赏景致的图像墙，还配有声音调节器调节整个房间的声音环境。房内的家具中，竹是基本材料，一层又一层加厚制作成的桌子和椅子简约美观，不会散发出有毒有害气体。

上海生态建筑示范楼

门窗上的玻璃可以根据阳光的强弱和主人的需要变化透明度，还可以改变角度让人尽情欣赏窗外景色。

照明采用的是隐立式发光二极管，比一般荧光灯节电33%以上。屋顶上安装着太阳能热水收集器，其辐射供暖管道蜿蜒穿过混凝土浇制的地板，为室内提供热水并供暖。

如果是普通的平面屋顶上，在骄阳似火的下午，温度可上升到35℃以上，但这幢屋子的顶部种植了一层耐干热的植物，室内温度一下子下降到26℃左右，大大降低了空调所耗的电费支出。

为了更有效地利用太阳光，房屋上还装了一个碟面抛物状太阳跟踪器，它能将强光线送入由127根光纤组成的电缆线内。其中2根纤维传送的阳光就能供一只50瓦白炽灯泡的照明用电，它通过电缆管道，直接让可见阳光进入屋内。

这种水、电自给自足的生态住宅，还可以将雨水汇集到房下的储水槽，然后送到厨房，在厨房使用后还可冲洗厕所或浇灌植物。

如此一栋充分利用天然资源的无害房，减少环境污染至最低点，真正做到绿色环"抱"着居住者的生活环境。

环保的"纸桥"

环保的"纸桥"

日本著名建筑师坂茂在法国南部一条河流上设计建造了一座特殊的桥梁。与坂茂秉承的环保、轻质建筑理念相一致，这座桥梁的建筑原材料几乎全部是可循环利用的纸。

这座桥梁建在加尔东河一段宽度约 10 米的河段上。桥呈弧形，类似石拱桥，两端分别固定在略高于水面的沙石堆中，周身呈原木颜色，由类似扶杆的纸筒相互连接而成。

建造这座桥共耗费了 28 万个纸筒，每个纸筒直径约 11.5 厘米，厚度为 1.19 厘米。此外，桥梁的台阶由纸和塑料材料做成，固定桥梁的桥基则是装满沙子的木盒子。整座桥梁总重量约 7.5 吨。

虽然主材料是纸，可桥的质量却不是"纸糊的"。这一纸筒结构桥梁比较坚固，可以允许 20 个人同时在桥上走动。桥梁完工后，曾用装满 1.5 吨水的气球测试过"纸桥"的坚固程度。

纸别墅

不过，"纸桥"和石桥比起来还是有一个缺点，那就是难以在雨季保持原来的坚固程度。

90 岁的纸别墅

这幢别墅不错吧！你肯定想不到，它竟然是用纸建造的。经过近 90 年的风吹雨打，纸别墅最外层的报纸虽然有些剥落，但它屹立不倒，成为当地的一处旅游景点。

美国工程师艾利斯·斯坦曼平时经常与纸张打交道。一天，他突发奇想——可否利用纸张打造一座房子呢？从 1922 年起，斯坦曼开始大胆尝试用废旧报纸建筑房子。

两年后，"纸别墅"造好了。乍一看，这座建筑似乎与普通的木屋并无区别。可仔细一瞧，它的所有墙体竟然是由一张又一张的废报纸逐层压制而成，足足有 2.54 厘米厚。

为了防止雨水渗漏，斯坦曼又特意在最外面涂了一层防水亮光漆。

更令人称奇的是，纸别墅内的家具也全是用报纸做的，而且件件坚固、耐用。

二十面体纸住宅

瞧！这是美国人桑福·庞德设计的另外一种纸住宅，它们很像怪诞、老式科幻影片中的道具。不过，它们真的不是道具，而是可以住人的房子。因为造价非常低廉，现在在国外已经派上用场——为海啸受害者提供住处。

这种住房很有发展前途，虽然它们不是永久性住宅，但这些奇特的房

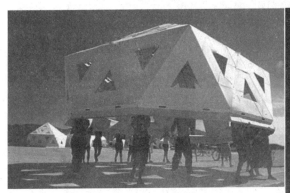

二十面体纸住宅

子可以像垒高拼装玩具一样组装而成。由于是用纸板建造的，住宅的成本非常低廉。

中国的纸房子

我国成都华林小学修建了国内首座"纸房子"。这种纸房子能防火、防水。

主体材料是特殊的"纸管"纸房子的主体材料是经过处理的"纸管"，长 2～3 米，外直径 24 厘米，厚度有 15 厘米，呈空心状。"纸管"外喷了一层特殊

中国的纸房子

的物质——清漆，可以有效断绝水的渗透和火的侵袭。不要看它们是纸做的，却可以承受 100 千克的重量。而且，纸管易于拆卸、运输和储藏。纸房子如果拆了，材料可回收重新利用，非常环保。

零碳馆

如今，世界各国都在宣传"零碳生活"，那么究竟怎么样才算是零碳生活呢？它又能带来什么好处呢？零碳生活是人们的社会生活各个方面

零碳馆

零碳示范房

尽可能节能减排，并且降至最低、直至为零的境界，这是人们生存实现自然、健康、和谐理念，生产、生活追求"可持续性发展"的目标。

伦敦零碳馆是上海世博会城市最佳实践案例的实物展示案例。展示原型来自位于伦敦南部的"贝丁顿零能源发展"生态村。这一次在上海世博会展现的包括两栋相互连接的"零二氧化碳排放"建筑，4层建筑内设有零碳报告厅、零碳餐厅、零碳展示厅和6套零碳示范房等。

为什么说这是一个零碳城区呢？

因为整个小区只使用可再生资源产生的能源，就能满足居民生活所需，不需要向大气释放二氧化碳，以有效减少能源、水和汽车的使用率。用屋檐上流下来的雨水冲洗马桶、浇灌花草，水龙头里流出的是用太阳能加热的水，烧饭用的沼气是食物残渣在地下发酵产生的，居住者身体散发的热量也被收集并充分利用……这就产生了一个循环系统，正因如此才能创建零碳城区。

当然啦，除了这些节能减排的系统，还有很多神奇的现象。比如，零碳馆的墙壁会发光。为什么会发光？因为墙体表面附着了一层特殊的荧光涂料，在白天，这种涂料能储存太阳能量，晚上又能将太阳能转换成为荧光发出来，以减少照明能耗，使展馆成为会发光的房子。

零碳馆的另一大亮点就是建筑顶部拥有了22个随风灵活转动的五彩"风帽"。风帽利用温差和风压将新鲜空气源源不断送入建筑内部，并将室内空气排出。同时，还利用太阳能和"江水源"系统对进入室内的空气进行除湿和降温。

你一定想不到在这小小的零碳馆里，就连餐具也可以发电？零碳馆所需的电能和热能都可以通过"生物能热电联产系统"对餐厅内各种有机废弃物、一次性餐具等降解而获得。降解完成后，最终余下的"产品"，还能用作生物肥料，真正实现变废为宝。

贝丁顿零碳社区

伦敦零碳馆案例的原型是位于英国伦敦南部的贝丁顿零碳社区，它

参观零碳房

是全世界首个零二氧化碳排放的社区。

贝丁顿生态村的设计理念就是围绕"零碳"两字，整个小区只使用可再生资源产生的能源，人们只依赖头顶的太阳、屋檐上淌下的雨水、剩饭剩菜"过活"？这是一种高质量、环境友好型的后现代生活，可以享受冬暖夏凉的"空调待遇"，这也就是人类未来可持续发展的理想路径——零碳生活。

测 试 题

一、选择题

1. 地球上可供饮用的淡水只占地球总水量的 _____。

   A. 0.01%   B. 0.1%   C. 1%   D. 1.3%

2. 我国人均水资源仅为全世界人均水源的 _____。

   A. 1/2   B. 1/4   C. 1/5   D. 1/6

3. 旅游时，来到瀑布边，你一定会感到空气格外清新，精神倍觉舒适。这是因为这些地方的空气负离子数量特别多，人们把它誉为 _____。

   A. 空气清新剂   B. 空气营养   C. 空气维生素   D. 神奇空气素

4. 水污染有很多类型，主要分成 _____。

   A. 富营养化污染、酸碱盐污染、重金属污染和有害有机物污染

   B. 地表水污染、地下水污染、海洋水污染等

   C. 工业用水污染、农业用水污染、生活用水污染等

   D. 无法区分

5. 能在没有氧气的条件下生存并且吃掉水中污染物的是 _____。

   A. 好氧菌   B. 厌氧菌   C. 根瘤菌   D. 固氮菌

6. 生态活水主要利用 _____ 的方法来除去污染物而净化水质。

   A. 自然净化能力和水生植物的吸附分解   B. 好氧菌分解废水

   C. 厌氧菌分解废水   D. 自然生态分解废水

7. 紫外线处理水时所用的波长为 _____。

   A. UVA（315～380 nm）   B. UVB（315～280 nm）

   C. UVC（200～280 nm）   D. UVD（315～280 nm）

8. 饮用水中隐孢子囊的清除要用 _____ 的方法。

    A. 臭氧氧化　B. 活性炭吸附　C. 膜过滤　D. 紫外线杀灭

9. 在膜过滤净水中有效地除去污染水中有机物、无机物、消毒副产物且保留人体所需矿物质要用 _____。

    A. 微滤膜　B. 超滤膜　C. 反渗透膜　D. 钠滤膜

10. 废水流过沼泽后变干净，原因是湿地中生长着许多水生植物，如水葫芦、香蒲和芦苇等植物，它们能吸收污水中的重金属镉、铜、锌及其他污染物。此外，沼泽中还有一种松软的 _____，能起到极好的净化效果。

    A. 苔藓　B. 泥炭　C. 水葫芦　D. 淤泥藓

11. 在富营养化的湖泊水面上，科学家培植一种 _____，其繁殖能力比蓝绿藻更强，而且可大量吸收掉湖水中的磷和氮等成分，净化湖水。

    A. 褐藻　B. 水花生　C. 水网藻　D. 蓝绿藻

12. 全球生态系统每年能提供的环境服务价值达 33.3 亿美元，其中湿地提供的价值达 4.9 亿美元，占整个生态系统的 14.7%。科学家发现，每公顷湿地生态系统每年创造的价值达 4000～14 000 美元，是 _____ 生态系统的 2～7 倍。

    A. 热带雨林　B. 草原　C. 海洋　D. 沙漠

13. 飘尘会使人们患呼吸道疾病和癌症，它主要来源于 _____。

    A. 汽车尾气　　　　　　B. 地面扬尘和燃煤排放的烟尘

    C. 化工厂排放的废气　　D. 森林和海洋

14. 大气中的有害气体主要是 _____。

    A. 颗粒物、二次污染物

    B. 氮氧化物、二氧化硫、一氧化碳、碳氢化物

    C. 人类生活中造成的有害气体

    D. 汽车排出的废气

15. 为了抵御沙漠化，科学家设计了一种"人造山脉"降雨的方法。"人造山脉"用玻璃纤维制成，外涂 _____。其原理是利用湿润空气遇"山"后沿坡抬升，到一定高度后受冷凝结成雨。

A. 聚乙烯　B. 氟乙烯　C. 氯乙烯　D. 聚四氟乙烯

16. 造成地球"温室效应"的元凶是 _____ 等化合物。

　　A. 二氧化碳、甲烷　　　　　　B. 氟氯烷烃和一氧化碳

　　C. 碳氢化合物和过氧化物　　　D. 氧气和臭氧

17. 为了保护好人工种子，科学家还要对它进行种子 _____ 处理，也就是在作物的种子上包裹一层膜，称之为种衣。

　　A. 穿衣化　B. 包衣化　C. 包裹化　D. 罩衣化

18. 破坏臭氧层的主凶是 _____。

　　A. 二氧化碳　B. 氯氟烃类化学物品　C. 二氧化硫　D. 臭氧

19. 袋式除尘器和电除尘器用于去除 _____。

　　A. 工业生产燃煤造成的飘尘　B. 家庭居室中的灰尘

　　C. 工地上的扬灰　　　　　　D. 沙漠里的尘土

20. 科学家用喷雾器向空中喷水雾。水雾造成的低温使空气中原有的水汽凝结成细小的水滴。用这种方法向空中喷 1 吨水，可以获得 _____ 吨雨水。

　　A. 200　B. 500　C. 1000　D. 1500

21. 为了保护臭氧层，停止使用破坏臭氧层的氯氟烃类等化学物品，《蒙特利尔协议书》要求缔约国中的发达国家在 2000 年完全停止生产协议书规定的有关物质，发展中国家可推迟到 _____。

　　A. 2010年　B. 2013年　C. 2015年　D. 2020年

22. 限制温室气体排放量以抑制全球变暖的国际公约是 _____。

　　A.《京都议定书》　　　　B.《联合国抑制全球变暖公约》

　　C.《蒙特利尔协议书》　　D.《纽约协议书》

23. 沙尘暴频发，是由于 _____。

　　A. 刮大风多　B. 土地荒漠化增强　C. 雨水少　D. 气温高

24. 形成荒漠化的主要原因是 _____。

　　A. 气候变暖　B. 气候干旱　C. 人为的破坏　D. 不下雨

25. 控制流沙最根本且经济有效的措施是 _____。

A. 生物治沙（植物治沙）　　B. 机械防沙

C. 化学固沙　　　　　　　　D. 人工降雨

26. 目前世界上应用最广、效果最好的一项旱作农业技术是 ＿＿＿＿。

A. "滴水灌溉"　　B. 用高吸水性树脂制成保水剂

C. 保护性耕作　　D. 转基因

27. "滴水灌溉"技术是 ＿＿＿＿ 的科学家发明的。

A. 美国　　B. 以色列　　C. 中国　　D. 日本

28. 为避开太空垃圾，科学家研制出一种新设备 ＿＿＿＿，设想在卫星上加上一个收集网，用一根 5 千米长的轻型电子绳拖带，在装进一定量的垃圾后，即坠入大气层烧毁。

A. 终结者　　B. 宇宙超人　　C. 天网　　D. 太空垃圾采集器

29. 世界防治荒漠化和干旱日为 ＿＿＿＿。

A. 5 月 17 日　　B. 6 月 17 日　　C. 7 月 17 日　　D. 8 月 17 日

30. 生物界半数以上的物种生活在 ＿＿＿＿。

A. 海洋　　B. 高山峻岭　　C. 热带雨林　　D. 高原

31. 虽然湿地覆盖陆地表面仅为 6%，却为地球上 ＿＿＿＿ 的已知物种提供了生存环境。因此，湿地具有不可替代的生态功能。

A. 10%　　B. 15%　　C. 20%　　D. 25%

32. 绿色植物、藻类、光合细菌等是 ＿＿＿＿。

A. 以其他生物为食物的消费者

B. 自己制造食物的生产者

C. 以分解动植物残体等有机物为食物的分解者

D. 以上都不是

33. 数千年前，陆地上的森林覆盖曾达约 70%，而如今仅存不足 ＿＿＿＿。

A. 20%　　B. 30%　　C. 35%　　D. 40%

34. 我国森林覆盖率春秋战国时为 53%，建国初有 30% ～ 40%，而现在只剩下 ＿＿＿＿。

A.5%　B.10%　C.15%　D.20%

35. 近100多年来，生物多样性的严重破坏，是由于 _____ 造成的。

　　A. 气候变暖

　　B. 人类把自然界万物看成是可以任意征服、享用的对象

　　C. 地震、海啸等天灾

　　D. 生物之间的自然竞争

36. 外来入侵物种 _____ 造成危害。

　　A. 仅对农作物

　　B. 仅对野生动植物

　　C. 仅对水生生物

　　D. 对生物多样性、林业、农业、自然生态环境，甚至人体健康

37. 如果亚马逊的森林被砍伐殆尽，地球上维持人类生存的氧气将减少 _____。

　　A.1/5　B.1/4　C.1/3　D.1/2

38. 生物多样性保护中最为有效的一项措施是 _____。

　　A. 迁地保护　B. 就地保护　C. 放任不管　D. 原地保护

39. 目前缔约方最多的国际环境公约是 _____。

　　A.《生物多样性公约》　B.《联合国防治荒漠化公约》

　　C.《京都议定书》　　　D.《蒙特利尔协议书》

40. 国际上垃圾处理的目标是 _____。

　　A. 无害化、资源化、减量化　B. 垃圾分类

　　C. 综合利用　　　　　　　　D. 洁净化

41. 电池中含有少量的重金属会损害神经系统、造血功能和骨骼，甚至可以致癌。
一节5号电池会对5平方米土地产生重金属污染长达 _____ 年之久。

　　A.10　B.25　C.35　D.50

42. 被现代经济学家称之为"人类的第二矿藏"的是 _____。

　　A. 废旧塑料　B. 废旧轮胎　C. 废纸　D. 废水

43. 居室内污染物有 _____。

　　A. 甲醛、苯系（甲苯、二甲苯）、氡、铅、汞、飘尘、电磁波等

　　B. 二噁英

C. 硫化氢、二氧化硫

D. 二氧化碳

44. 房屋装修完毕后，为使有害的挥发性物质释放殆尽，一般要在通风情况下空置一段时间，这段时间一般为 _____。

A. 2 天　B. 10 天　C. 一个月到数个月　D. 1 年

44. 外来入侵物种入侵的途径包括 _____。

A. 国际运输、跨国界河流、国家间边界物种自然繁衍

B. 飞机、轮船、火车

C. 货物销售、旅游、动植物进出口

D. 有意引进、无意引进和自然入侵

二、问答题

1. 水源污染后，怎样才能喝到好水？

2. 地球变暖对人类生存有什么影响？人类该怎样应对？你能设想出新的应对办法吗？

3. 绿化的好处，你能说出哪些？

4. 北京等地频繁出现沙尘暴，可采取哪些措施避免？

5. 老虎会伤人，为什么还要保护它们？

6. 举例说明循环经济。教材循环先从哪里开始？

7. 人类是怎样逐步认识爱护自然、保护自然的重要性的？

8. 你能为保护环境做些什么？

9. 在日常生活中，你身边的污染物有哪些？如何远离和防止？

10. 试用书中的内容来说明落实科学发展观的重要性。

测试题答案

二、问答题（略）

41.D　42.A　43.A　44.C　45.A

31.C　32.A　33.A　34.B　35.B　36.D　37.C　38.B　39.A　40.A

21.A　22.A　23.B　24.C　25.A　26.C　27.B　28.A　29.C　30.C

11.C　12.A　13.B　14.B　15.D　16.A　17.B　18.B　19.A　20.C

1.A　2.B　3.C　4.A　5.B　6.A　7.C　8.D　9.D　10.B

一、选择题

图书在版编目 (CIP) 数据

奇幻环保 / 刘少华，周名亮编写 . —上海: 少年儿童出版
社，2011.10
　（探索未知丛书）
ISBN 978-7-5324-8928-2

Ⅰ.①奇... Ⅱ.①刘...②周... Ⅲ.①环境保护—少年读物
Ⅳ.① X-49
中国版本图书馆 CIP 数据核字（2011）第 219128 号

探索未知丛书

奇幻环保

刘少华　周名亮 编写

陈肖爱　马　坚 图

卜允台　卜维佳 装帧

责任编辑 黄　蔚　美术编辑 张慈慧
责任校对 沈丽蓉　技术编辑 陆　赟

出版 上海世纪出版股份有限公司少年儿童出版社
地址 200052 上海延安西路 1538 号
发行 上海世纪出版股份有限公司发行中心
地址 200001 上海福建中路 193 号
易文网 www.ewen.cc 少儿网 www.jcph.com
电子邮件 postmaster@jcph.com

印刷 北京一鑫印务有限责任公司
开本 720×980　1/16　印张 8　字数 99 千字
2019 年 4 月第 1 版第 3 次印刷
ISBN 978-7-5324-8928-2/N·950
定价 29.50 元